高职高专"十三五"规划教材

数控机床故障诊断与维修

主　编　林　君　雷大军
副主编　高　春　丁宇涛

北京航空航天大学出版社

内 容 简 介

本书以国家职业标准数控机床维修工考核要求为基本依据,按照项目驱动、任务导向的教学理念,详细介绍了数控机床面板操作、数控机床典型故障案例和数控机床的采购、验收及日常维护方面的相关知识,重点分析了数控机床机械结构和电气原理,并针对典型故障提出解决的方案。在教学过程中围绕数控机床操作、维护、故障诊断及故障排除的关键步骤,将课程分为六个任务,每个任务根据教学内容的不同由若干个模块组成,在掌握结构原理的基础上,引入仿真软件进行模拟仿真,最后再进行实际操作。教学的过程是完成任务的过程,学生在这样的过程中能更好地理解和掌握相关的知识和技能。

本书可作为高等职业院校、高等专科院校数控技术、机电一体化技术、机械制造及自动化等专业的教学用书,也可供有关技术人员参考、培训使用。

图书在版编目(CIP)数据

数控机床故障诊断与维修 / 林君主编. -- 北京：
北京航空航天大学出版社,2016.1
 ISBN 978-7-5124-2033-5

Ⅰ. ①数… Ⅱ. ①林… Ⅲ. ①数控机床—故障诊断②数控机床—维修 Ⅳ. ①TG659

中国版本图书馆 CIP 数据核字(2016)第 009274 号

版权所有,侵权必究。

数控机床故障诊断与维修

主　编　林　君　雷大军
副主编　高　春　丁宇涛
责任编辑　金友泉

*

北京航空航天大学出版社出版发行

北京市海淀区学院路 37 号(邮编 100191)　http://www.buaapress.com.cn
发行部电话：(010)82317024　传真：(010)82328026
读者信箱：goodtextbook@126.com　邮购电话：(010)82316936
北京兴华昌盛印刷有限公司印装　各地书店经销

*

开本：787×1092　1/16　印张：7.25　字数：186 千字
2016 年 3 月第 1 版　2016 年 3 月第 1 次印刷　印数：2 000 册
ISBN 978-7-5124-2033-5　定价：18.00 元

若本书有倒页、脱页、缺页等印装质量问题,请与本社发行部联系调换。联系电话：(010)82317024

前 言

数控技术是关系到国家战略地位和体现国家综合实力水平的重要技术。数控技术的广泛应用，使得普通机床逐渐被高精度、高效率的数控机床所替代。数控机床已成为当代高端装备的主流装备，随着数控机床的普及，对机床有效利用率的要求越来越高，这一方面要求数控机床本身具有很高的可靠性，另一方面又要求当机床出现故障后维修人员能尽快排除。多年来，随着我国数控机床保有量的迅速增加，对数控机床维护和维修技能人才的需求量也日益增长，数控机床加工行业高素质、高技能型人才成为新的人才培养目标。

为了适应社会对数控机床维修、维护人才的需求，四川航天职业技术学院在"理实一体化"教学的基础上，开展了"数控机床故障诊断与维修"精品课程建设，并在此基础上结合实践编写了本教材。

本书按照项目驱动、任务导向的教学理念，在教学过程中围绕数控机床操作、维护、故障诊断及故障排除的关键步骤，将课程分为六个任务，每个任务根据教学内容的不同又分为若干个模块，在掌握结构原理的基础上，引入仿真软件进行模拟仿真，最后再进行实际操作。教学的过程是完成任务的过程，学生在这样的过程中能更好地理解和掌握相关的知识和技能。

本书由林君、雷大军主编，高春、丁宇涛副主编，胡文彬主审。其中，任务一、任务二和任务六由高春编写，任务三由林君编写，任务四、任务五由雷大军编写，全书由林君统稿，丁宇涛负责文字校对和部分图形的绘制处理。

本书可作为高等职业教育数控机床故障诊断与维修教材，也可供相关教师作为参考资料使用。书中的疏漏和不足之处，恳请读者和各位同仁批评指正。

编 者
2015 年 9 月

目 录

任务一 数控机床操作面板 ·· 1
    一、数控机床操作面板介绍 ··· 1
    二、机床、工件和刀具的选择 ··· 5
    三、FANUC 0i MDI 键盘操作说明 ·· 9

任务二 数控机床典型故障案例介绍 ··· 12
  模块一 数控机床故障诊断与维修的基本概念 ·· 12
    一、数控机床故障诊断与维修的意义 ·· 12
    二、数控机床故障的类型与特点 ··· 12
    三、数控机床故障诊断与维修的基本要求 ··· 15
    四、数控机床故障诊断与维修的一般方法 ··· 16
  模块二 数控机床典型故障案例介绍 ··· 18
    一、数控机床爬行与振动的分析 ··· 18
    二、数控机床基准点的故障分析与排除 ·· 20
    三、数控机床基准点的故障分析与排除实例 ··· 22

任务三 数控机床电气调试 ··· 24
  模块一 低压电器工作原理 ·· 24
    一、基础知识 ·· 24
    二、常用低压电器 ··· 26
  模块二 数控机床电气原理 ·· 43
    一、电气控制系统图 ··· 43
    二、电气控制的基本控制规律 ·· 47
    三、三相异步电机的降压启动控制 ··· 50
    四、三相异步电机的制动控制 ·· 53
  模块三 数控机床的 PLC 控制 ··· 55
    一、可编程序控制器简介 ··· 55
    二、可编程控制器的组成及工作原理 ·· 58

任务四 数控机床调试与维修 ··· 64
  模块一 数控机床机械结构概述 ··· 64
    一、数控机床机械结构的组成 ·· 64
    二、数控机床对机械结构的要求 ··· 65
  模块二 数控机床变频器系统参数的设置 ·· 66
    一、CNC 的参数设置 ·· 66

二、变频器参数的设置 …………………………………………………………… 73
模块三　数控机床伺服传动系统参数的设置 …………………………………………… 74
　一、CNC 的参数设置 ……………………………………………………………… 74
　二、伺服驱动的参数设置 ………………………………………………………… 76
模块四　数控机床步进电机传动系统参数的设置 ……………………………………… 78
　一、世纪星 HNC－21TF 配步进电机时的参数设置 …………………………… 78
　二、M535 型步进电机驱动器参数设置 ………………………………………… 79

任务五　数控机床驱动部分的故障诊断与维修 ……………………………………………… 81
模块一　数字万用表的使用 ……………………………………………………………… 81
模块二　数控机床电路故障常见诊断与维修方法 ……………………………………… 82
　一、系统的自诊断 ………………………………………………………………… 82
　二、其他故障诊断方法 …………………………………………………………… 83
模块三　主轴变频伺服故障诊断与维修 ………………………………………………… 84
　一、主轴变频伺服电路原理图分析 ……………………………………………… 84
　二、主轴变频伺服维修实例 ……………………………………………………… 85
模块四　进给伺服系统故障诊断与维修 ………………………………………………… 88
　一、进给伺服系统电路原理图分析 ……………………………………………… 88
　二、进给伺服系统维修实例 ……………………………………………………… 89
模块五　步进伺服系统故障诊断与维修 ………………………………………………… 92

任务六　数控机床验收、采购及日常维护 …………………………………………………… 93
模块一　数控机床的验收 ………………………………………………………………… 93
　一、数控机床的精度检测及验收 ………………………………………………… 93
　二、机床性能及数控功能检验 …………………………………………………… 99
模块二　数控机床的采购及日常维护 …………………………………………………… 101
　一、数控机床选购的一般原则 …………………………………………………… 101
　二、数控机床选购时需考虑的因素 ……………………………………………… 101
　三、数控机床的日常维护常识 …………………………………………………… 106

参考文献 ………………………………………………………………………………………… 108

任务一 数控机床操作面板

一、数控机床操作面板介绍

数控机床操作面板是数控机床的重要组成部件,是操作人员与数控机床(系统)进行交互的工具。操作人员可以通过它对数控机床(系统)进行操作、编程、调试,对机床参数进行设定和修改,还可以通过它了解、查询数控机床(系统)的运行状态,是数控机床特有的一个输入、输出部件。数控机床操作面板主要有显示装置、NC 键盘(功能类似于计算机键盘的按键阵列)、机床控制面板(Machine Control Panel,MCP)、状态灯、手持单元等部分组成。

数控系统通过显示装置为操作人员提供必要的信息。根据系统所处的状态和操作命令的不同,显示的信息可以是正在编辑的程序、正在运行的程序、机床的加工状态、机床坐标轴的指令/实际坐标值、加工轨迹的图形仿真、故障报警信号等。

较简单的显示设备只有若干个数码管,只能显示字符,显示信息也有限;较高级的系统一般配有 CRT 显示器或点阵式液晶显示器,一般能显示图形,显示的信息较为丰富。

NC 键盘包括 MDI 键盘及软键功能键等。MDI 键盘一般具有标准化的字母、数字和符号(有的通过上挡键实现),主要用于零件程序的编辑、参数输入、MDI 操作及管理等。功能键一般用于系统的菜单的操作。

机床控制面板集中了系统的所有按钮(故可称为按钮站),这些按钮用于直接控制机床的动作或加工过程,如启动、暂停零件程序的运行,手动进给坐标轴,调整进给速度等。

手持单元不是操作面板的必需件,有些数控系统为方便操作人员使用配有手持单元,用于手摇方式增量进给坐标轴,如图 1-1 所示。手持单元一般由手摇脉冲发生器 MPG、坐标轴选择开关等组成。

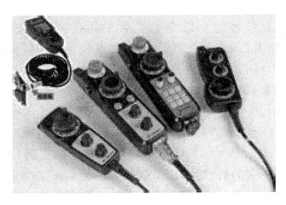

图 1-1 手持单元

现以 FANUC 0i 数控系统操作面板为例进行讲解(见图 1-2)。NC 键盘包括 MDI 键盘及软键功能键,如图 1-3 所示。其中 MDI 键盘上具有字母、数字和符号,数字用于输入数字到输入区域,按 SHIFT 键可进行字符的切换,如图 1-4 所示。字母键用于输入字母到输入区域,按 SHIFT 键可进行小写字母输入,回车换行键 [EOB],结束一行程序的输入并且换行,如图 1-5 所示。

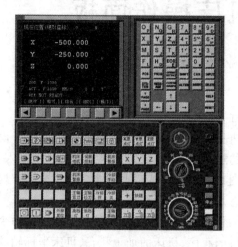

图 1-2 操作面板

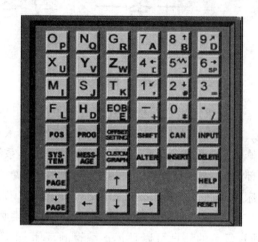

图 1-3 NC 键盘

图 1-4 数字区

图 1-5 字母区

软键功能键的功能:POS 控制 CRT 坐标显示;PROG 控制 CRT 程序及程序输入显示;OFFSET SETING 控制 CRT 参数设置显示,对数控系统参数进行设置,如图 1-6(a)所示。SHIFT 为上挡键,用于小写字母的输入;CAN 为删除键,消除输入域内的单个字符;INPUT 为输入键,把输入域内的数据输入参数页面或者输入一个外部的数控程序;ALTER 为替代键,用输入的数据替代光标所在的数据;INSERT 为插入键,把输入域之中的数据插入到当前光标之后的位置;DELETE 为删除键,删除光标所在的数据,或者删除一个数控程序或者删除全部数控程序,如图 1-6(b)所示。PAGE 为向上或向下翻页键,向下或向上移动光标如图 1-6(c)所示。HELP 为帮助功能键,RESET 为复位键,如图 1-6(d)所示。

另外三个功能键功能分别为:SYSTEM 是系统注册表文件,MESSAGE 是通信联系键,CUSTOMCRAPH 显示用户宏画面(回话式宏画面)或图形显示画面。

机床控制面板上按钮的作用如图 1-7 到图 1-12 所示,CRT 显示如图 1-13 所示。

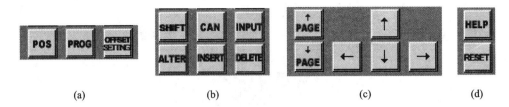

图 1-6 功能键

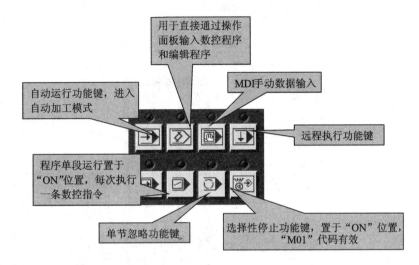

图 1-7 按钮功能介绍(一)

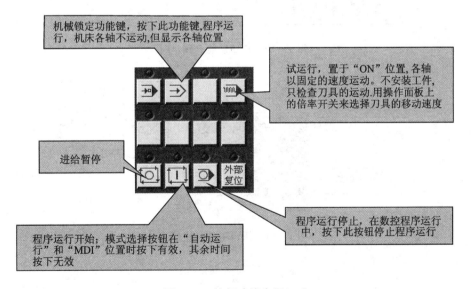

图 1-8 按钮功能介绍(二)

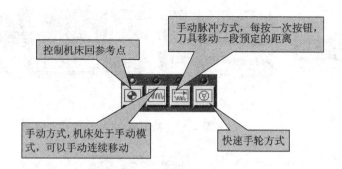

图 1-9　按钮功能介绍（三）

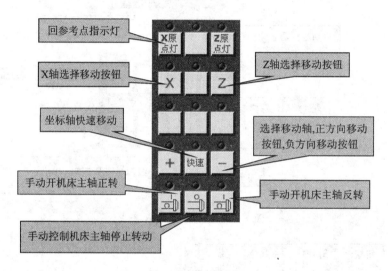

图 1-10　按钮功能介绍（四）

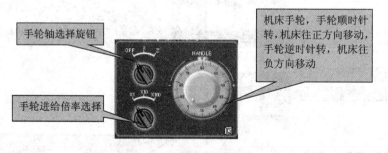

图 1-11　按钮功能介绍（五）

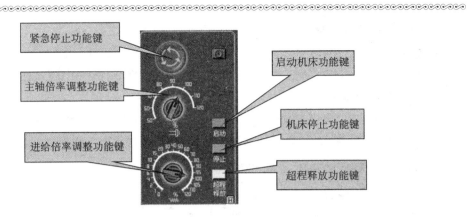

图 1-12 按钮功能介绍(六)

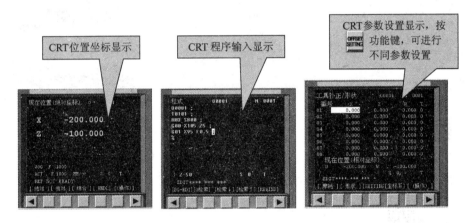

图 1-13 CRT 显示界面

二、机床、工件和刀具的选择

1. 选择机床类型

打开菜单"机床/选择机床…",在"选择机床"对话框中选择"控制系统"类型和相应的机床,并按"确定"按钮,此时界面如图 1-14 所示。

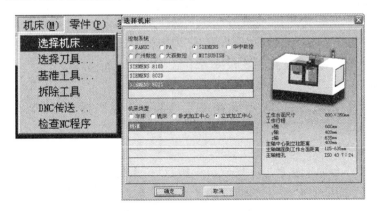

图 1-14 选择机床对话框

2. 工件的定义和使用

1) 定义毛坯

打开菜单"零件/定义毛坯"或在工具条上选择图标,系统打开如图1-15所示的对话框。

2) 导出零件模型

导出零件模型的功能是把经过部分加工的零件作为成型毛坯给以单独保存。图1-16所示的毛坯已经过部分加工,称为零件模型。另外,还可通过导出零件模型功能予以保存。

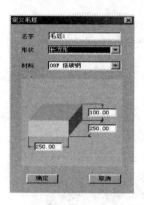

图1-15 "定义毛坯"对话框　　　　图1-16 零件模型

打开菜单"文件/导出零件模型",系统弹出"另存为"对话框,在对话框中输入文件名,按"保存"按钮,此零件模型即被保存,这可在以后需要时被调用。文件的后缀名为"prt",可不要更改后缀名。

3) 导入零件模型

机床在加工零件时,除了可使用原始定义的毛坯(见图1-15)外,还可对经过部分加工的毛坯进行再加工。该毛坯被称为零件模型,还可以通过导入零件模型的功能调用零件模型。

打开菜单"文件/导入零件模型",若已通过导出零件模型功能保存过成型毛坯,则系统将弹出"打开"对话框,在此对话框中选择并且打开所需的后缀名为"PRT"的零件文件,则选中的零件模型被放置在工作台面上。

4) 使用夹具

打开菜单"零件/安装夹具"命令或者在工具条上选择图标,打开操作对话框。首先在"选择零件"列表框中选毛坯。然后在"选择夹具"列表框中选夹具,长方体零件可以使用工艺板或者平口钳,圆柱形零件可以选择工艺板或者卡盘,如图1-17所示。

5) 放置零件

打开菜单"零件/放置零件"命令或者在工具条上选择图标,系统弹出操作对话框,如图1-18所示。

6) 调整零件位置

零件可以在工作台面上移动。毛坯放至工作台后,系统将自动弹出一个小键盘(铣床、加工中心见图1-19,车床见图1-20),通过按动小键盘上的方向按钮,实现零件的平移和旋转或车床零件调头。小键盘上的"退出"按钮用于关闭小键盘。选择菜单"零件/移动零件"也可以打开小键盘,还可在执行其他操作前关闭小键盘。

7）使用压板

当使用工艺板或者不使用夹具时，可以使用压板。安装压板时，可以打开菜单"零件/安装压板"，系统打开"选择压板"对话框，如图1-21所示。

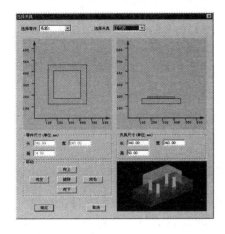

图1-17 "选择夹具"对话框

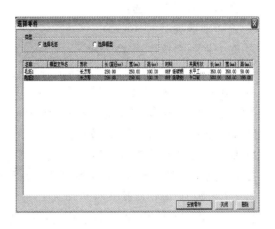

图1-18 "选择零件"对话框

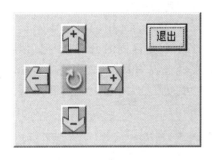

图1-19 铣床、加工中心小键盘

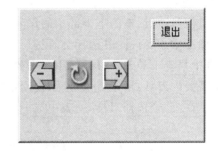

图1-20 车床小键盘

3．选择刀具

打开菜单"机床/选择刀具"，或者在工具条中选择图标，系统弹出"刀具选择"对话框。

1）车床选择和安装刀具

系统中数控车床允许同时安装8把刀具（后置刀架）或者4把刀具（前置刀架），对话框如图1-22所示。

图1-21 "选择压板"对话框

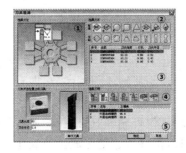
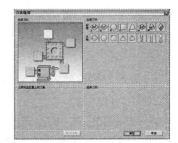

图1-22 "车刀选择"对话框

选择、安装车刀的步骤：

① 在刀架图中单击所需的刀位。该刀位对应程序中的 T01～T08(T04)。

② 选择刀片类型。

③ 在刀片列表框中选择刀片。

④ 选择刀柄类型。

⑤ 在刀柄列表框中选择刀柄。

变更刀具长度和刀尖半径："选择车刀"完成后，该界面的左下部位显示出刀架所选位置上的刀具。其中显示的"刀具长度"和"刀尖半径"均可以由操作者修改。

拆除刀具：在刀架图中单击要拆除刀具的刀位，点击"卸下刀具"按钮。

确认操作完成：单击"确认"按钮。

2）加工中心和数控铣床选刀

按条件列出工具清单：筛选的条件是直径和类型。

① 在"所需刀具直径"输入框内输入直径，如果不把直径作为筛选条件，可输入数字"0"。

② 在"所需刀具类型"选择列表中选择刀具类型。可供选择的刀具类型有平底刀、平底带R刀、球头刀、钻头、镗刀等。

③ 按下"确定"按钮，符合条件的刀具在"可选刀具"列表中显示出：

指定刀位号：对话框的下半部中的序号（见图1-23）就是刀库中的刀位号。

卧式加工中心允许同时选择20把刀具；立式加工中心允许同时选择24把刀具。对于铣床，对话框中只有1号刀位可以使用。用鼠标单击"已经选择刀具"列表中的序号制定刀位号。

选择需要的刀具：指定刀位号后，再用鼠标单击"可选刀具"列表中的所需刀具，选中的刀具对应显示在"已经选择刀具"列表中选中的刀位号所在行。

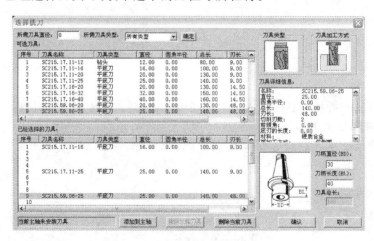

图 1-23 "选择铣刀"对话框

输入刀柄参数：操作者可以按需要输入刀柄参数，即直径和长度两个。总长度是刀柄长度与刀具长度之和。

删除刀具：按"删除当前刀具"键可删除"已选择的刀具"列表中光标所在行的刀具。

确认选刀：选择完全部刀具，按"确认"键完成选刀操作。或者按"取消"键退出选刀操作。

加工中心的刀具在刀库中，如果在选择刀具的操作中同时要指定某把刀安装到主轴上，可以先用光标选中,然后单击"添加到主轴"按钮,便可使铣床的刀具自动装到主轴上。

三、FANUC 0i MDI 键盘操作说明

1. 机床位置界面

单击 [POS] 进入坐标位置界面。单击菜单软键"绝对"、菜单软键"相对"、菜单软键"综合",对应 CRT 界面将对应绝对坐标(见图 1-24)、相对坐标(见图 1-25)和综合坐标(见图 1-26)。

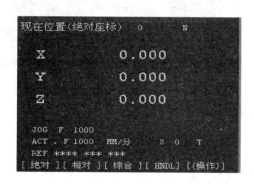

图 1-24 "绝对坐标"界面

图 1-25 "相对坐标"界面

2. 程序管理界面

单击"编辑"键进入"程序管理"界面,单击菜单软键"LIB",将列出系统中所有的程序(见图 1-27),在所列出的程序列表中选择某一程序名,单击 [PROG] 将显示该程序,如图 1-28 所示。

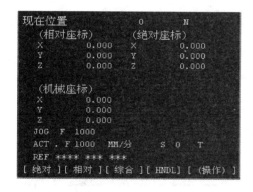

图 1-26 "综合坐标"界面

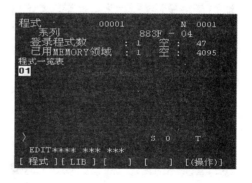

图 1-27 "显示程序"列表界面

3. 设置参数

G54~G59 参数的设置:在 MDI 键盘上单击 [OFFSET SETTING] 键,按菜单软键"坐标系",进入坐标系参数设定界面。

利用 MDI 键盘输入通过对刀所得到的工件坐标原点在机床坐标系中的坐标值,即设可通过对刀得到的工件坐标原点在机床坐标系中的坐标值(如-500,-415,-404),如图 1-29 所示。

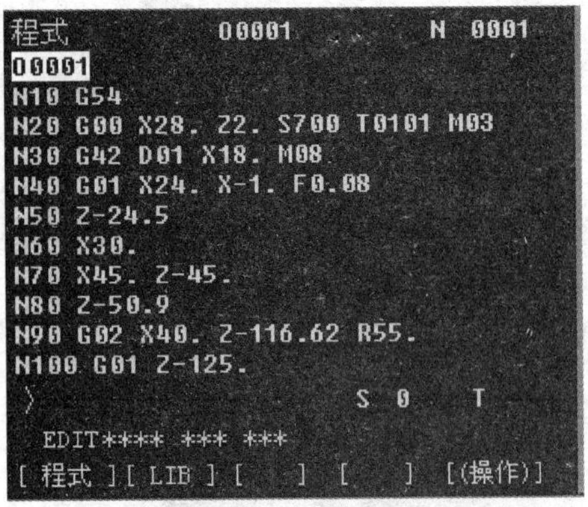

图 1-28 "显示当前"程序界面

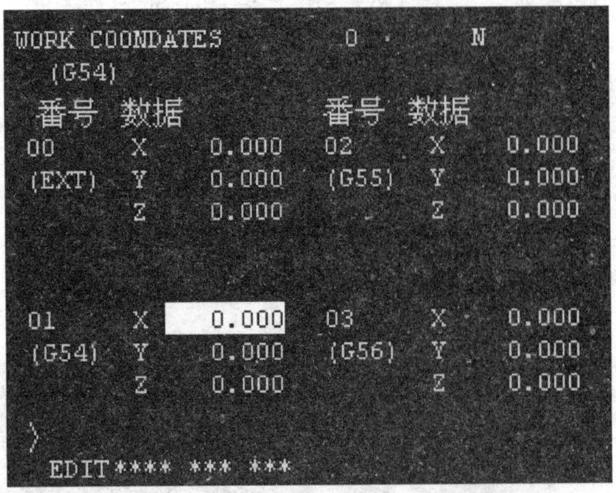

图 1-29 "坐标系参数"设定界面

4. 设置铣床及加工中心刀具补偿参数

铣床及加工中心的刀具补偿包括刀具的半径和长度补偿。

输入直径补偿参数:FANUC 0i 的刀具直径补偿包括形状直径补偿和磨损(摩耗)直径补偿,如图 1-30 所示。

输入长度补偿参数:长度补偿参数在刀具表中按需要输入。FANUC 0i 的刀具长度补偿包括形状长度补偿和磨损(摩耗)长度补偿。

车床刀具补偿参数:车床的刀具补偿包括刀具的磨损量补偿参数和形状补偿参数,两者之和构成车刀偏置量补偿参数,如图 1-31 所示。

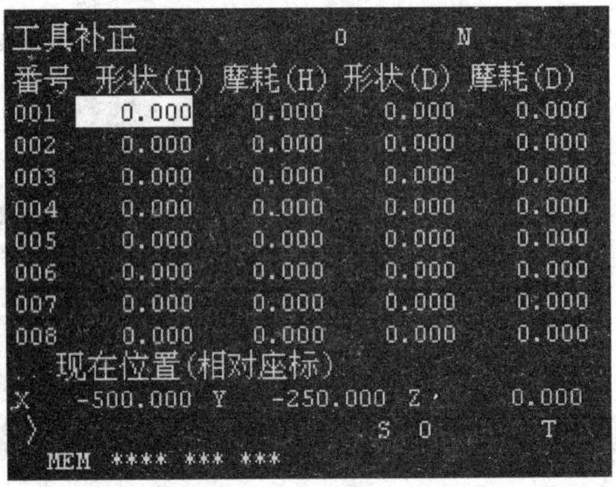

图 1-30 铣床刀具补偿参数界面

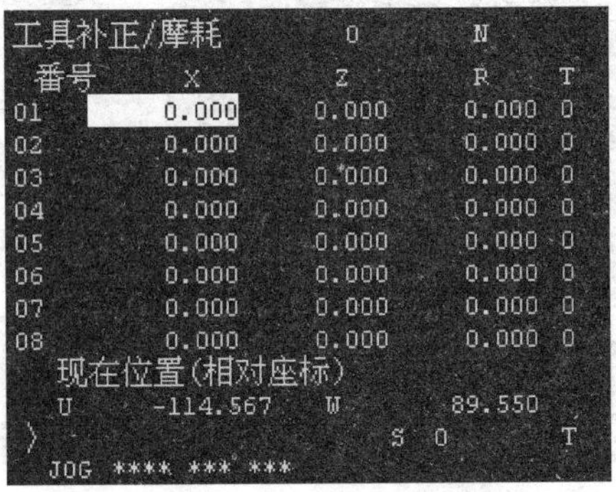

图 1-31 车床刀具补偿参数界面

5. 数控程序处理

1) 导入数控程序

数控程序可以通过记事本或写字板等编辑软件输入并保存为文本格式(*.txt 格式)文件,也可直接用 FANUC 0i 系统的 MDI 键盘输入。

单击操作面板上的编辑键,编辑状态指示灯变亮,此时已进入编辑状态。单击 MDI 键盘上的 PROG ,CRT 界面转入编辑页面。再按菜单软键"操作",在出现的下级子菜单中按软键,按菜单软键"READ",转入如图 1-32 所示。

单击 MDI 键盘上的数字/字母键,输入"Ox"(x 为任意不超过四位的数字),按软键[EX-EC];单击菜单"机床/DNC 传送",在弹出的对话框中(见图 1-33)选择所需的 NC 程序,按"打开"确认按键,则数控程序被导入并显示在 CRT 界面上。

图 1-32 导入程序界面

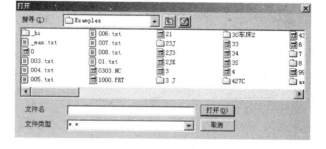

图 1-33 打开对话框

2) 数控程序处理

单击操作面板上的"编辑"键,编辑状态指示灯变亮,此时已进入编辑状态。单击 MDI 键盘上的 后,CRT 界面转入编辑页面。

选定了一个数控程序后,此程序显示在 CRT 界面上,可对数控程序进行编辑操作。

3) 保存程序

编辑好程序后需要进行保存操作。单击操作面板上的"编辑"键,编辑状态指示灯变亮,此时已进入编辑状态。按菜单软键"操作",在下级子菜单中按菜单软键[Punch],在弹出的对话框中(见图 1-34)输入文件名,选择文件类型和保存路径,按"保存"按钮。

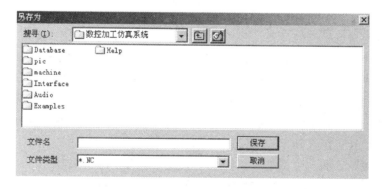

图 1-34 "保存"对话框

任务二 数控机床典型故障案例介绍

模块一 数控机床故障诊断与维修的基本概念

一、数控机床故障诊断与维修的意义

数控机床综合应用了计算机、自动控制、精密测量、现代机械制造和数据通信等多种技术,是机械加工领域中典型的机电一体化设备,适于多品种、中小批量的复杂零件的加工。数控机床作为实现柔性制造系统(FMS)、计算机集成制造系统(CIMS)和未来工厂自动化(FA)的基础已成为现代制造技术中不可缺少的设备,因此得到了巨大的发展。

要发挥数控机床的效率,就要求机床开动率高,这对数控机床提出了可靠性的要求。衡量可靠性的主要指标是平均无故障工作时间(Mean Time Between Failures, MTBF),即

$$MTBF = \frac{总工作时间}{总故障次数}$$

平均无故障工作时间是指设备在一个比较长的使用过程中两次故障间隔的平均时间。当数控设备发生了故障,需要及时进行排除。从开始排除故障直到数控设备能正常使用所需要的时间称为平均修复时间(Mean Time To Repair, MTTR),这反映了数控设备的可维修性。

衡量数控机床的可靠性和可维修性的指标是平均有效度 A,即

$$A = \frac{MTBF}{MTBF + MTTR}$$

平均有效度是指可维修的设备在某一段时间内维持其性能的概率,这是一个小于 1 的正数。数控机床故障的平均修复时间越短,则 A 就越接近 1,那么数控机床的使用性能就越好。

近几年全世界每年要生产几千台不同类型与规格的数控机床,我国每年也有近千台数控机床的产量。由于一些用户对数控机床的故障还不能及时作出正确的判断和排除,并且机床生产单位因交通、通信、资金、技术人员的水平等因素不能及时排除维修人员到现场服务,目前国内各行业中的数控机床开动率平均仅达到 20%~30%。

数控机床的故障诊断与维修是数控机床使用过程中重要的组成部分,也是目前制约数控机床发挥作用的因素之一,因此学习数控机床故障诊断与维修的技术和方法有重要的意义。数控机床的生产厂商加强数控机床的故障诊断与维修的力量,可以提高数控机床的质量,有利于数控机床的推广和使用。数控机床的使用单位培养掌握数控机床的故障诊断与维修的技术人员,有利于提高数控机床的使用率。随着数控机床的推广和使用,培养更多的掌握数控机床故障诊断与维修的高素质人才的任务也越来越迫切。

二、数控机床故障的类型与特点

数控机床故障是指数控机床失去了规定的功能。按照数控机床故障频率的高低,机床的

使用期可以分为三个阶段,即初始运行期、相对稳定运行期和衰老期。这三个阶段故障频率可以由故障发生规律曲线来表示,如图 2-1 所示。数控机床从整机安装调试后至运行一年左右的时间称为机床的初始运行期。在这段时间内,机械处于磨合阶段,部分电子元器件在电气干扰中经常受不了初期的考验而损坏,所以数控机床在这段时间内的故障相对较多。数控机床经过了初始运行期就进入了相对稳定期,机床在该期间仍然会产生故障,但是故障频率相对减少,数控机床的相对稳定期,一般为 7～10 年。数控机床经过相对稳定期之后是数控机床的衰老期,由于机械的磨损、电气元器件的品质因数下降,数控机床的故障率又开始增大。

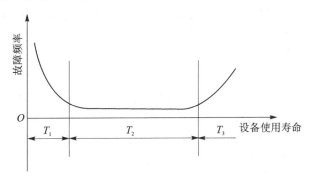

图 2-1　故障发生规律曲线

数控机床故障的种类很多,一般可以按起因、性质、发生部位、自诊断、软(硬)件故障等来分类。

1. 数控机床故障的类型

1) 数控机床的非关联性和关联性故障

故障按起因的相关性可分为非关联性和关联性故障,所谓非关联性故障是由于运输、安装等原因造成的故障。关联性故障可分为系统性故障和随机性故障,系统性故障是指数控机床在一定条件下必然出现的故障;随机性故障是指偶然出现的故障。一般随机性故障是由于机械结构的局部松动、系统控制软件不完善、硬件工作特性曲线下降、电气元器件品质因数降低等原因造成。

2) 数控机床的有诊断显示故障和无诊断显示故障

数控机床故障按有无诊断显示分为有诊断显示故障和无诊断显示故障。有诊断显示故障一般与控制部分有关,故障发生后可以根据故障报警信号判别故障的原因。无诊断显示故障往往表现为工作台停留在某一位置不能运动,依靠手动操作也无法使工作台动作,这类故障的排除相对于诊断显示故障的排除难度要大。

3) 数控机床的破坏性故障和非破坏性故障

数控机床故障按性质可分为破坏性故障和非破坏性故障。对于短路、因伺服系统失控造成"飞车"等故障称为破坏性故障,在维修和排除这种故障时不允许故障重复出现,因此维修时有一定的难度;对于非破坏性故障,可以经过多次试验、重演故障来分析故障原因,故障的排除相对容易些。

4) 数控机床的电气故障和机械故障

数控机床故障按发生部位可分为电气故障和机械故障。电气故障一般发生在系统装置、伺服驱动单元和机床电气等控制部位。电气故障一般是由于电气元器件的品质因素下降、元器件焊接松动、接插件接触不良或损坏等因素引起的,这些故障表现为时有时无。例如某电子元器件的漏电流较大,工作一段时间后,其漏电流随着环境温度的升高而增大,导致元器件工作不正常,影响了相应电路的正常工作。当环境温度降低了以后,故障又消失了。这类故障靠目测是很难查找的,一般要借助测量工具检查工作电压、电流或测量波形进行分析。

机械故障一般发生在机械运动部位。机械故障可以分为功能性故障、动作性故障、结构性故障和使用性故障。功能性故障主要是指工件加工精度方面的故障,这些故障是可以发现的,例如加工精度不稳定、误差大等。动作性故障是指机床的各种动作故障,可以表现为主轴不转,工件夹不紧、刀架定位精度低、液压变速不灵活等。使用性故障主要是指使用和操作不当引起的故障,例如过载引起的机件损坏等。机械故障一般可以通过维护保养和精心调整来预防。

5) 自诊断故障

数控系统有自诊断故障报警系统,它随时监测数控系统的硬件、软件和伺服系统等的工作情况。当这些部分出现异常时,一般会在监视器上显示报警信息或指示灯报警或数码管显示故障号,这些故障可以称为自诊断故障。自诊断故障系统可以协助维修人员查找故障,是故障检查和维修工作中十分重要的依据。对报警信息要进行仔细分析,因为可能会有多种故障因素引起同一种报警信息。

6) 人为故障和软(硬)故障

人为故障是指操作员、维护人员对数控机床还不熟悉或者没有按照使用手册要求,在操作或调整时处理不当而造成的故障。

硬故障是指数控机床的硬件损坏造成的故障。软故障一般是指由于数控加工程序中出现语法错误、逻辑错误或非法数据;数控机床的参数设定或调整出现错误;保持RAM芯片的电池电路断路、短路、接触不良,RAM芯片得不到保持数据的电压,使得参数、加工程序丢失或出错;电气干扰窜入总线,引起时序错误等原因造成的数控机床故障。

除了上述分类外,故障从时间上可以分为早期故障、偶然故障和耗损故障;故障从使用角度可分为使用故障和本质故障;故障从严重程度可分为灾难性、致命性、严重性和轻度性故障;按发生故障的过程可分为突发性故障和渐变性故障。

2. 数控机床故障的特点

数控机床一般由CNC装置、输入输出装置、伺服驱动系统、机床电器逻辑控制装置和传统机床本体等组成,数控机床各部分之间有着密切的联系,如图2-2所示。

CNC装置将数控加工程序信息按两类控制量分别输出:一类是连续控制量,送往驱动系统;另一类是离散的开关控制量,送往机床电器和逻辑控制装置。伺服驱动系统位于CNC装置与机床之间,它一方面通过电信号与CNC装置连接,另一方面通过伺服电机、检测元件与机床的传动部件连接。机床电器、逻辑控制装置的形式可以是继电器控制线路或者是可编程

图2-2 数控机床组成

控制器控制线路,它接收 CNC 装置发出的开关指令,主要完成主轴启停、工件装夹、工作台交换、换刀、冷却、液压、气动和润滑系统及其他机床辅助功能的控制。另外要将主轴启停结束、工件夹紧、工作台交换结束、换刀到位等信号传送回 CNC 装置。数控机床本身的复杂性使其故障具有复杂性和特殊性。引起数控机床故障的因素是多方面的,有些故障来自机械方面的,但是引起故障的原因却是电气方面的;有些故障的现象来自电气方面的,然而引起故障的原因使机械方面的;而有些故障是由电气方面和机械方面共同引起的。在进行数控机床故障的诊断时,要重视机床各部分的交接点。

三、数控机床故障诊断与维修的基本要求

1. 工作环境

良好的工作环境是提高数控机床可靠性的必要条件。数控机床的环境要求是综合性的,如数据机床需要稳定的机床地基基础,否则数控机床的精度无法保证。精密数控机床有恒温要求,普通数控机床没有恒温要求,但是环境温度过高会引起故障率的增加。这是由于数控机床本身所使用的电子元器件有工作温度限制。电子元器件的工作温度一般要求在 40 ℃~45 ℃以下,室温达到 35 ℃时,使用中的数控机床计算机数控(CNC)装置内和电气柜内的温度可以达到 40 ℃左右,其内部的元器件很可能不能正常工作。数据机床的工作车间要保持空气流通和干净。灰尘、油雾和金属粉末会使得元器件之间的绝缘电阻下降或短路,造成元器件损坏。潮湿的环境会使印刷电路板、元器件、接插件、床身、电气柜、机床防护罩腐蚀,造成接触不良和控制失灵,机床的机械精度降低。电网供电要满足数控机床正常运行所需总容量的要求,电压波动不能超过±10 %,否则要损坏电子元器件。为了安全和减少干扰,数控机床要求接地线。接地点要可靠,应该与车间接地网相连或者单独制作接地装置,接地电阻要小于 4~7 Ω。数控机床的 CNC 装置、伺服驱动系统的抗干扰能力是有限度的,强电磁干扰会导致数控系统失控,所以数控机床要远离焊机、大型吊车和产生强电磁干扰的设备处放置。

2. 对维修人员的要求

对数控机床和相关设备进行科学的管理,才能保证数控机床有正常的开动率。科学管理是一种综合的技术,其中包括了对操作员和维修人员的要求。

操作员要熟悉数控机床的功能和操作,应该严格遵照机床使用手册的规定操作机床。数控机床是精密机床,不可作为通用机床使用。操作员要做好数控机床的日常保养和维护工作,使机床保持良好的性能。

数控机床有自诊断功能,为数控机床的故障诊断提供了有力的手段。但是数控机床的大部分故障表现为综合故障,这需要维修人员进行综合分析、判断故障发生的原因和部位,在较短的时间内给予排除。因此操作员和维修人员除了需要有一定的维修经验外,还要有较宽的知识面,要了解计算机技术、电子技术、自动控制技术、传感与检测技术、电机控制、机床、加工工艺、液压、气动等方面的知识。

维修人员要阅读数控机床的各种使用说明书,如数控机床电气使用说明书、数控机床电气原理图、数控机床电气互联图、数控机床结构简图、数控机床电气参数、数控机床可编程序控制器控制程序、数控系统操作手册、数控系统编程手册、数控机床安装及维修手册、伺服驱动系统使用说明书。维修人员要熟悉数控编程和操作,对机床的结构、电气布局、电缆连接、PLC 程序等要做到心中有数。

在处理故障的过程中,维修人员要认真做好故障诊断和维修工作的文字记录,归类存档。维修人员还应该能正确使用各种常规检测仪器,例如示波器、逻辑分析仪、频谱分析仪等仪器。要学会利用计算机进行电路仿真和故障检测,这是故障诊断不可缺少的辅助手段。

四、数控机床故障诊断与维修的一般方法

数控机床故障诊断一般包括三个步骤:第一个步骤是故障检测。这是对数控机床进行测试、监察是否存在故障。第二个步骤是故障判断及隔离。这个步骤是要判断故障的性质,以缩小产生故障的范围,分离出故障的部件或模块。第三个步骤是故障定位。将故障定位到产生故障的模块或元器件,及时排除故障或更换元件。

数控机床故障诊断、维修应遵循的基本原则:

先方案后操作、先检查后通电、先软件后硬件、先外部后内部、先机械后电气、先公用后专用、先简单后复杂、先一般后特殊。

数控机床故障诊断一般采用追踪法、自诊断、参数检查、替换法、测量法。

1. 追踪法

指在故障诊断和维修之前,维修人员先要对故障发生时间、机床的运行状态和故障类型进行详细了解,然后寻找产生故障的各种迹象。大致步骤如下:

1) 故障发生的时间及其他

故障发生的时间和次数;

故障的重复性;

故障是否在电源接通时出现;

环境温度如何;

有否雷击,机床附近有无振动或电磁干扰源。

2) 机床的运行状态

故障发生时机床的运行方式;

故障发生时进给坐标轴的速度情况;

故障发生时主轴的速度情况;

刀具轨迹是否正常;

工作台、刀库运行是否正常;

辅助设备运行是否正常;

机床是否运行新编程序;

故障是否发生在子程序;

故障是否出现在执行 M、S、T 代码;

故障是否与螺纹加工有关;

机床在运行过程中是否改变了工作方式;

方式选择开关设定是否正确;

速度倍率开关是否设置为零;

机床是否处于锁定状态。

3) 故障类型

监视器画面是否正常;

监视器是否显示报警及相应的报警号；

故障发生之前是否出现过同样的故障；

故障发生之前是否维修或调整过机床；

是否调整过系统参数。

接下来可以进行停电检查，即利用视觉、嗅觉、听觉和触觉寻找产生故障的各种迹象。例如仔细观察加工零件表面的情况，机械有无碰撞的伤痕，电气柜是否打开，有无切屑末进入电气柜，元器件有无烧焦，印刷电路板阻焊层有无因元器件过流过热而烧黄或烧黑，元器件有无松动，电气柜和器件有无焦糊味，部件或元器件是否发热，熔丝是否熔断，电缆是否劈裂和损伤，气动系统或液压系统的管路与接头有无泄漏，操作面板上方式开关设定是否正确，电源线和信号线是否分开安装或分开走线，屏蔽线接线是否正确等。

停电检查之后可以进行通电检查，检查系统参数和刀具补偿是否正确，加工程序编制是否有误，机械传动部分有无异常响声，系统的输入电压是否在正常范围，电气柜内的轴流风扇是否正常，电气装置内有否打火等。如果出现打火现象，应该立即关断电源，以免扩大故障范围。

追踪法检查是一种基本的检查故障的方法，发现故障后要查找引起故障的根源，采取合理的方法给以排除。在整个过程中，要做好故障诊断与排除的详细文字记录。

2. 自诊断功能

数控系统的自诊断技术是 CNC 系统中十分重要的功能。当数控机床发生故障时，借助 CNC 系统的自诊断功能，可以迅速、准确地查明原因并确定故障部位。自诊断功能一般分为启动自诊断、在线自诊断和离线自诊断。

启动自诊断是数控系统从通电开始到进入正常运行准备为止，是系统内部诊断程序自动执行的诊断。启动自诊断主要对 CNC 装置中最关键的硬件和系统控制软件进行诊断。例如：CPU、存储器、软盘驱动器、手动数据输入单元、总线和输入/输出单元等，甚至能对某些重要的芯片是否插装到位、规格型号是否正确进行诊断。如果检查到故障，CNC 装置通过监视器或数码管显示故障的内容。自动诊断过程没有结束时，数控机床不能运行。

在线自诊断是指数控系统在工作状态下，通过系统内部的诊断程序和相应的硬件环境，对数控机床运行的正确性进行的诊断。CNC 装置和内置 PLC 分别执行不同的诊断任务。CNC 装置主要通过对各种数控功能和伺服系统的检测，检查数控加工程序是否有语法错误和逻辑错误。通过对位置、速度的实际值相对指令值的跟踪状态来检测伺服系统的状态，若跟踪超差超过了一定限度，表明伺服系统发生了故障。通过对工作台实际位置与位置边界值的比较，检查工作台运行是否超出范围。内置 PLC 主要检测数控机床的开关状态和开关过程，例如对限位开关、液压阀、气压阀和温度阀等工作状态的检测，对机床换刀过程、工作台交换过程的检测，对各种开关量的逻辑关系的检测等。

在线自诊断按显示可以分为状态显示和故障信息显示两部分。状态显示包括接口状态显示和内部状态显示。接口状态是以二进制"1"和"0"表示信号的有无，在监视器上显示 CNC 装置与 PLC、PLC 与机床之间的接口信息传递是否正常。内部状态显示涉及机床较多的部分，例如复位状态显示和由外部原因造成不执行指令的状态显示等。故障信息显示涉及很多故障内容，CNC 系统对每一条故障内容赋予一个故障编号（报警号）。当发生故障时，CNC 装置对出现的故障按其紧迫性进行判断，在监视器上显示最紧急的故障报警号和相应的故障内容说明。

数控机床的伺服驱动单元、变频器、电源、输入/输出等单元通常有数码管指示和报警指示灯。例如：伺服驱动单元与伺服电机连接的电源线接触不良或伺服系统的检测元件损坏时，伺服驱动单元的数码管显示代表故障的字符，查阅使用手册有关报警的章节，可以找到故障的类型和引起故障的原因。

离线自诊断是数控机床出现故障时，数控系统停止运行系统程序的停机诊断。离线自诊断是把专用诊断程序通过 I/O 设备或通信接口输入到 CNC 装置内部，用专用诊断程序替代系统程序来诊断系统故障，这是一种专业性的诊断。

3. 参数检查

数控机床的参数设置是否合理直接关系到机床能否正常工作。这些参数有位置环增益、速度环增益、反向间隙补偿值、参考点坐标、快速点定位速度、加速度、系统分辨率等数值，通常这些参数不允许修改。如果参数设置不正确或因干扰使得参数丢失，机床就不能正常运行。因此参数检查是一项重要的诊断。

4. 替换法

利用备用模块或电路板替换有故障疑点的模块或电路板，观察故障转移的情况，这是常用而简单的故障检测方法。

5. 测量法

利用万用表、钳形电流表、相序表、示波器、频谱分析仪、振动检测仪等仪器，对故障疑点进行电流、电压和波形测量，将测量值与正常值进行比较，分析故障所在的位置。

例 2.1 某数控机床未运转时自诊断显示为过载报警。

数控机床在启动自诊断过程中，自诊断系统向伺服驱动单元发一组正、反脉冲，然后通过光电编码器回收这组脉冲。从理论上分析是伺服驱动电机因过载不能旋转，引起与电机同轴连接的光电编码器也无法旋转，所以自诊断系统没有回收到光电编码器的脉冲就显示过载报警。

引起故障的原因是过热接触器因伺服电机过载而脱扣。如果过热接触器正常，有可能是伺服驱动单元没有接收到自诊断系统发出的脉冲或者伺服驱动单元有故障。如果这两种情况都被排除，则可能是自诊断系统没有接收到光电编码器的信号，检查光电编码器与自诊断系统之间的信号线有没有故障。如果信号线良好，故障的原因可能是光电编码器与伺服电机之间的连轴松动。

例 2.2 某数控机床的加工程序在执行到 G00 语句时就不再继续执行。

该数控机床可以执行 G00 语句之前的加工程序，这表明 CNC 系统和伺服系统应该是正常的，引起故障的原因可能是数控系统因干扰或其他原因使 G00 参数丢失。进行参数检查，重新设置 G00 参数。

模块二　数控机床典型故障案例介绍

一、数控机床爬行与振动的分析

数控机床进给伺服系统所驱动的移动部件在低速运行过程中，出现了移动部件开始时不能启动,启动后又突然做加速运动,而后又停顿,继而又做加速运动,如此周而复始。这种移动部件一停一跳,一慢一快的运动现象,称为爬行。而当其以高速运行时,移动部件又出现明显的振动。这一故障现象就是典型的进给系统的爬行与振动故障。

对于数控机床出现的爬行与振动故障,可以这样处理:首先罗列出可能造成数控机床爬行与振动的有关因素,然后分析、定位和排除故障。造成这类故障的原因有很多种,可能是因为机械进给传动链出现了故障所导致,也可能仅仅是因为润滑不良引起,还有可能是进给系统电气部分出现问题,或者是系统参数设置不当的缘故,还可能是机械部分与电气部分的综合故障所造成。面对这一故障现象,不要急于下结论,而应根据产生故障的可能性,逐项排队,逐个因素检查,查到哪一处有问题,就将该处的问题加以分析,分析是否是造成故障的主要矛盾,直至将每个可能产生故障的因素都查到。然后再统盘考虑,拿出一个综合性的解决问题的方案,将故障排除。排除数控机床进给系统爬行与振动故障的具体做法可参考如下步骤进行。

1. 按故障发生的部位分析

对于数控机床来说,按故障发生的部位,基本可将其分为以下几个部分:机械部分、电气部分和强电控制部分、进给伺服系统、主轴驱动系统和数控装置。

爬行与振动故障通常需在机械部分和进给伺服系统部分找问题,因为数控机床进给系统低速时的爬行现象往往取决于机械传动部件的特性,高速时的振动又通常与进给传动链中运动副的预紧力有关;另外,爬行和振动问题都是与进给速度密切相关的问题,所以也就离不开分析进给伺服系统的速度环。

2. 机械部分

造成爬行与振动的原因如果在机械部分,首先应该检查导轨副。因为移动部件所受的摩擦阻力主要来自导轨副,如果导轨副的动、静摩擦系数大,且其差值也大,很容易造成爬行。尽管数控机床的导轨副广泛采用了滚动导轨、静压导轨或塑料导轨,如果调整不好,仍会造成爬行或振动。对于静压导轨应着重检查静压是否建立,对于塑料导轨可检查有否杂质或异物阻碍导轨副运动,对于滚动导轨则应检查预紧措施是否施行,效果是否良好等。

其次,要检查进给传动链。因为在进给系统中,伺服驱动装置到移动部件之间必定要经过由齿轮、丝杠螺母副或其他传动副所组成的传动链。有效地提高这一传动链的扭转和拉压刚度(即提高其传动刚度),对于提高运动精度,消除爬行非常有益。引起移动部件爬行的原因之一常是因为对轴承、丝杠螺母副和丝杠本身的预紧或预拉不理想造成的。传动链太长,传动轴直径偏小,支承和支承座的刚度不够也是引起爬行的因素。因此,在检查时也要考虑这些方面是否有缺陷。

另外,关注导轨副的润滑也有助于分析爬行问题。有时出现爬行仅仅就是因为导轨副润滑状态不好造成的。这时,采用具有防爬行作用的导轨润滑油是一种非常有效的措施。这种导轨润滑油中有极性添加剂,能在导轨表面形成一层不易破裂的油膜,从而改善导轨的摩擦特性。

3. 进给伺服系统

如果故障原因在进给伺服系统,则分别检查伺服系统中各有关环节。如检查速度调节器;根据故障特点(如振动周期与进给速度是否成比例变化)检查电动机或测速发电机是否有问题,还可检查系统插补精度是否太差,检测增益是否太高;与位置控制有关的系统参数设定有无错误;速度控制单元上短路棒设定是否正确;增益电位器调整有无偏差以及速度控制单元的线路是否良好。应对这些环节逐项检查、分类排除。

4. 综合分析

如果故障即有机械部分的原因,又有进给伺服系统的原因,很难分辨出引起这一故障的主要矛盾,或者很难说清楚在故障中各种因素占的比重分别有多少,这往往是制约维修人员迅速查出故障原因的重要因素。面对这种情况,要进行多方面的检测,这就要有耐心,多动脑筋仔细分析,直至找出故障根源。故障的根源往往是综合性因素造成的,只有采取综合的排除故障的方法才能解决,这一点应当牢记。

二、数控机床基准点的故障分析与排除

数控机床在接通电源后通常都是做回零的操作,这是因为在机床断电后,就失去了对各坐标位置的记忆。所以在接通电源后,就必须让各坐标轴回到机床一固定点上,这一固定点就是机床坐标系的原点或零点,也称机床基准点或机床参考点。使机床回到这一固定点的操作被称为回参考点或回零操作。回参考点操作对数控机床非常重要,是数控机床的重要功能之一,该项功能是否正常,将会直接影响零件的加工质量。因此,对数控机床回参考点的故障现象进行归类、分析,从而找到有效地排除此故障的方法是非常必要的。

数控机床基准点的故障类型:回参考点的故障一般来说主要有三类情况:第一类是返回参考点时机床停止位置与参考点位置不一致;第二类是机床不能正常返回参考点,且有报警产生;第三类是机床在返回参考点过程中数控系统突然变成"NOT READY"(没有准备好),但又无报警产生。

1. 第一类故障

数控机床返回参考点的方式,因数控系统类型和机床生产厂家而异,要排除回参考点的故障,先要搞清机床回参考点的方式,然后再对照故障现象来进行分析。就大多数机床而言,常用的返回参考点方式有两种,即栅格方式和磁性开关方式。

值得一提的是,数控机床的位置检测装置无论是采用脉冲编码器、感应同步器、磁栅或光栅,一定都是增量式的才会有开机回参考点问题。如果采用的是绝对式的,只需在机床调试时第一次开机后,通过参数设置配合机床回零操作调整到合适的参考点即可。每次开机,不必再进行回参考点操作。

采用栅格方式时,可通过移动栅格(可由系统参数设定)来调整参考点位置。

位置检测装置随伺服电机旋转产生栅点或零标志位信号,在机械本体上安装一个减速撞块及一个减速开关,当减速撞块压下减速开关时,伺服电机减速继续向参考点运行。当减速撞块离开减速后,减速开关释放,数控系统检测到第一个栅点或零标志位信号即为原点(参考点)时,伺服电机停转。该方法的特点是机床如果接近原点的速度小于某一固定值,则数控机床总是停止于同一点,也就是说,在进行回原点操作后,机床原点的保持性好。

当采用磁性开关方式时,可通过移动接近开关来调整其参考点位置。此时,在机械本体上安装磁铁及磁感应原点开关或者接近开关,当磁感应原点开关或接近开关检测到原点信号后,伺服电机立即停止,该停止点被认作原点(参考点)。该方法的特点是软件及硬件简单,但原点位置随着伺服电机速度的变化而成比例地漂移,即原点不确定。因此,目前大部分机床采用栅格方式。现仅以栅格方式返回参考点的情况为例,分析一下出现机床停止位置与参考点位置

不一致故障时的几种状况。

1) 停止位置偏离参考点一个栅格间距

所谓栅格间距是指：由于光栅尺可产生零标志位信号，每产生一个零标志位信号相当于坐标轴移动一个距离，将该距离按一定等分数分割得到的数据即为栅格间距，其大小由参数确定。一般情况下，光栅尺的栅格间距为光栅尺上两个零标志之间的距离。

出现停止位置偏离参考点一个栅格间距的故障，多数情况是由减速挡块安装位置不正确或减速挡块太短所致。检验是否是这一原因的一个简单的方法是：先减小由参数设置的接近原点的速度，重试回参考点操作，若重试结果正常了，则可确定是此原因造成的。这时，只需通过重新调整挡块位置或减速开关位置，或适当增加挡块长度即可将此故障解决。也可以通过设置栅点偏移量改变电气原点的方法解决。这是由于当一个减速信号由硬件输出后，数字伺服软件识别这个信号需要一定时间。因此当减速撞块离原点太近时，软件有时捕捉不到原点信号，导致偏离。

如果减小接近原点速度参数，重试结果仍旧偏离，可减小快速进给速度或快速进给时间常数的参数设置，重回参考点。这是由于时间常数设置太大或减速撞块太短，在减速撞块范围内，进给速度不能达到接近原点速度，当开关被释放时，即使栅点信号出现，软件检测出进给速度未达到接近原点速度，回参考点操作也不会停止，因而发生参考点偏离。

如上述办法用过后仍有偏离，则应检查参考计数器设置的值是否有效，若无效可修正参数设置。

2) 随机偏差，没有规律性

造成此故障的原因有多种，较为主要的是外界干扰，如屏蔽地连接不良，检测反馈元件的通信电缆与电源电缆靠得太近；脉冲编码器的电源电压过低；脉冲编码器损坏；数控系统的主印刷线路板不良；伺服电机与工作台联轴器连接松动；伺服轴电路板或伺服放大器板不良等。在排除此类故障时，应有开阔的思路和足够的耐心，逐个原因进行检查、排除、直到故障消除。

3) 微小误差

产生此类故障的原因多数为电缆或连接器接触不良，或因主印刷电路板及速度控制单元工作性能不良，造成位置偏置量过大。此时，需要有针对性地检查。

2. 第二类情况

第一类故障的产生原因主要是回参考点减速开关产生的信号或零标志位脉冲信号失效（包括信号未产生或传输处理中丢失）。如采用脉冲编码器作为位置检测装置，则表现为脉冲编码器的每转的基准信号（零标志位信号）没有输入到印刷电路板，其原因常常是因为脉冲编码器断线或脉冲编码器的连接电缆、抽头断线。另外，返回参考点时，机床开始移动的点距参考点太近也会产生此类故障报警。

排除这一类故障的方法可采用先"外"后"内"和信号跟踪法查找故障部位。所谓"外"是指安装在机床上的挡块和参考点开关，可以用 CNC 系统 PLC 接口的 I/O 状态指示直接观察信号的有无。所谓"内"是指脉冲编码器中的零标志位或光栅尺上的零标志位，可采用示波器检测零点标志位脉冲信号。根据测得的信号，判断故障部位，最后排除。

3. 第三类情况

这一类故障的产生原因较简单，多数为返回参考点用的减速开关失灵，触头压下后不能复位造成的。因此排除也比价简单，只需检查减速开关复位弹簧是否损坏或直接更换减速开关即可。

综上所述,当数控机床出现回参考点故障时,维修人员通常应重点检查的项目归纳如下:

首先对减速撞块和减速开关的状态进行检查。这包括:减速撞块有无松动现象,减速开关固定是否牢固,有无损坏;若无问题,应进一步用百分表或激光测量仪检查机械相对位置的漂移量;减速撞块的长度是否合适;移动部件回原点的起始位置、减速开关位置与原点位置的相对关系是否适当。

然后可检查回原点的模式:是否是开机的第一次回原点,是否是采用绝对式的位置检测装置;继而检查伺服电机每转的运动量、指令倍乘比及检测倍乘比的设置;检查回原点快速进给速度的参数设置、接近原点速度的参数设置、快速进给时间常数的参数设置以及参考计数器的设置是否合适等。沿着这样一条思路,再结合具体的故障现象,仔细分析,就能较快地诊断及排除回参考点的故障。

三、数控机床基准点的故障分析与排除实例

例 2.3 某台配备 FANUC-BESK 7M 数控系统的 JCS-018 立式加工中心,发生 X 轴不执行自动返回参考点动作的故障。

诊断:故障发生后,检查监视器上无报警提示,机床其他各部分也无报警提示,但采用手动方式时 X 轴能够移动。将 X 轴用手动方式移至参考点后,机床又能进行正常加工,加工完成后原有故障又重复出现。

根据上述情况说明 CNC 系统、伺服系统无故障。考虑到故障发生在 X 轴回参考点的过程中,怀疑该故障与 X 轴参考点的参数发生变化有关。然而在 TE 方式下,将地址为 F 的与 X 轴参考点有关的参数调出检查,却发现这些参数均为正常。从数控机床的工作原理可知,轴参考点除了与参数有关外,还与轴的原点位置、参考点位置有关。因此,仔细检查后发现,机床上 X 轴参考点的限位开关因油污染失灵,即始终处于接通状态。当加工程序完成后,系统便认为已回到了参考点,因而,X 轴便没有返回参考点的动作。找到了故障原因后,马上采取措施,将该限位开关清洗、修复后,故障排除。

例 2.4 某德国产配备 SINUMERIK 3 数控系统的数控磨床,在回参考点时,出现 Z 轴找不到参考点的故障。

诊断:仔细观察回参考点的过程,发现 Z 轴运动压到零点开关后,能减速反向运动,直止压到极限开关。这说明回参考点过程正常,零点开关没有问题;另外,在回参考点时 CNC 显示 Z 轴的数值正常变化。根据这些现象,初步判断编码器的零标志位有问题,用示波器测试波形,没有发现零标志位脉冲,可断定是编码器的问题。

将编码器拆开,发现其内部有许多油。经分析得知,该机床在加工时采用油冷却,由于编码器密封不好,油雾进入编码器并沉淀,将编码器刻盘遮挡,使零标志位出现故障。清除了编码器中的油并将其清洗干净后重新密封,装配好再使用,故障消除。

例 2.5 某台 TNL-120 经济型数控车床,采用 FANUC 0T 系统,X 轴经常出现原点漂移,且每次漂移量为 10 mm 左右。

诊断:对故障现象进行分析后认为,由于每次漂移量基本固定,怀疑与 X 轴回参考点有关。经检查后发现,X 轴回参考点时,减速撞块离检测脉冲太近。重新调整减速撞块位置,将其控制在该轴丝杠螺距的一半,约为 (6 ± 1) mm 左右,故障排除。

例 2.6 某台配备 MITSUBISHI 公司 M3 数控系统的 DM4400M 加工中心,在使用近四个月的时间内,出现数次换刀位置出错的故障。而且换刀位置发生变化时,被加工工件的 Z 向加工尺寸也相应变化,且与换刀位置的变化相对应,无任何报警显示。

诊断:首先对已出现的故障现象进行初步判断,由于机床所出现的故障有的班次有,有的班次没有,因此怀疑该机床开机手动回参考点时出现问题。首先了解该加工中心开机回参考点的方式和有关参数设置。该加工中心在伺服电机端部安装位置编码器,编码器每旋转一周有一定数量的等距离的栅点,每两个删点间的距离是栅点间隔。当开机手动回参考点时,坐标轴先以参数设定的回参考点速度向参考点快速移动,当减速撞块压到参考点行程开关后,坐标轴以参数设定的较低的的速度移动,当减速撞块离开参考点行程开关时,编码器检测到的第一个栅点的位置即为参考点复归的位置。由于数控机床有其固定的机械原点,要求电气原点要和机械原点一致。机械原点和电气原点间的偏移叫参考点偏移,可在参数中设定。当碰块离开参考点行程开关时的位置,不在栅点间隔中心附近时,参考点有时会发生偏移,可以通过参数栅点屏蔽的设定,防止参考点位置偏移。在参数设定好后,开机手动回参考点,工作坐标系随之确定。

例 2.7 某台 TNL-120 经济型数控车床,采用 FANUC 0T 系统,X 轴经常出现原点漂移,且每次漂移量为 10 mm 左右。

诊断:仔细检查后发现此故障为参数设置不当造成。参数 500 为 X 轴准位脉宽,当进给方式从一种快速移位转变为另一种快速移位时,完成准位确认。

参数 500 正常值为 20(0~32 767),之所以出现此故障是由于操作者误将 500 参数内的值改为 -2 700 造成的,重新改正后,故障现象消失,X 轴回原点恢复正常。

任务三 数控机床电气调试

模块一 低压电器工作原理

一、基础知识

低压电器是指工作在交流 1 200 V 或直流 1 500 V 及以下的电路中,用来接通或断开电路,以及用来控制、调节和保护用电设备的电气器件。

1. 低压电器的分类

按电器的用途可分为:

① 低压配电电器:用于供、配电系统中进行电能输送和分配的电器,如刀开关、低压断路器、熔断器等。

② 低压控制电器:用于各种控制电路的电器,如转换开关、按钮、接触器、继电器、电磁阀等。

③ 低压主令电器:用于发送控制指令的电器,如按钮、主令开关、行程开关等。

④ 低压保护电器:用于对电路及用电设备进行保护的电器,如熔断器、热继电器、电流/电压继电器等。

⑤ 低压执行电器:用于完成某种动作或传送功能的电器,如电磁铁、电磁离合器等。

大多数电器既可做控制电器,亦可做保护电器,它们之间没有明显的界线。如电流继电器既可按"电流"参量来控制电动机,又可用来作为电动机的过载保护;又如行程开关既可用来控制工作台的加、减速及行程长度,又可作为终端开关保护工作台不至于闯到导轨外面去,即作为工作台的极限保护。

2. 电磁式低压电器的基本结构

利用电磁原理构成的低压电器,称为电磁式低压电器,这是目前应用较为广泛的一类电器。从结构上看,一般都具有两个基本组成部分,即感受部分和执行部分。感受部分接收外界输入的信号,并通过转换、放大及判断,作出有规律的反应,使执行部分动作,输出相应的指令,实现控制的目的。对于有触头的电磁式电器,感受部分是电磁机构,执行部分是触头系统。

1) 电磁机构

电磁机构由吸引线圈、铁芯和衔铁组成。吸引线圈通以一定的电压和电流产生磁场及吸力,并通过气隙转换成机械能,从而带动衔铁运动使触头动作,完成触头的断开和闭合,实现电路的分断和接通。图 3-1 是几种常用电磁机构的结构形式。

2) 触头系统

触头是电磁式电器的执行部分,起接通和分断电路的作用。因此,要求触头导电、导热性能好,通常用铜、银、镍及其合金材料制成,有时也在铜触头表面镀上锡、银或镍。对于一些特殊用途的电器如微型继电器和小容量的电器,触头采用银质材料制成。

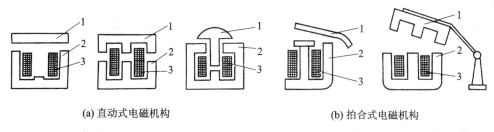

(a) 直动式电磁机构　　　　　　　(b) 拍合式电磁机构

1—衔铁；2—铁芯；3—线圈

图 3-1　常用电磁机构的结构形式

① 触头的接触形式：触头的接触形式有点接触、线接触和面接触三种，如图 3-2 所示。

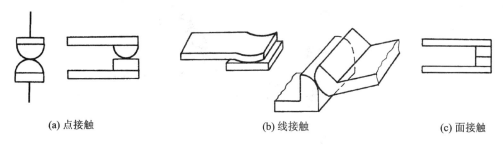

(a) 点接触　　　　　　　(b) 线接触　　　　　　　(c) 面接触

图 3-2　触头的接触形式

点接触由两个半球形触头或一个半球形与一个平面形触头构成，常用于小电流的电器中，如接触器的辅助触头和继电器触头。线接触常做成指形触头结构，它们的接触区是一条直线，触头通、断过程是滚动接触并产生滚动摩擦，适用于通电次数多、电流大的场合，多用于中等容量电器。面接触触头一般在接触表面镶有合金，允许通过较大电流，中小容量的接触器的主触头多采用这种结构。

② 触头的结构形式：触头的结构形式如图 3-3 所示，主要有桥式触头和指形触头两种。

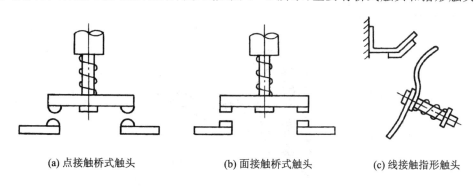

(a) 点接触桥式触头　　　　(b) 面接触桥式触头　　　　(c) 线接触指形触头

图 3-3　触头的结构形式

桥式触头在接通与断开电路时由两个触头共同完成，对灭弧有利，这类触头的接触形式一般是点接触和面接触。指形触头在接通和断开时产生滚动摩擦，能去掉触头表面的氧化膜，从而减少触头的接触电阻。这类触头的接触形式一般采用线接触。

触头按其原始状态可分为常开触头和常闭触头。原始状态时（吸引线圈未通电时），触头断开，线圈通电后闭合的触头叫常开触头。原始状态触头闭合，线圈通电后断开的触头叫常闭触头。线圈断电后所有触头回到原始状态。

按触头控制的电路可分为主触头和辅助触头。主触头允许通过较大的电流,用于接通或断开主电路,辅助触头只允许通过较小的电流,用于接通或断开控制电路。

二、常用低压电器

1. 低压开关与低压断路器

1) 刀开关

刀开关又称闸刀,一般用于不需要经常切断与接通的交、直流低压电路中。在机床中,刀开关主要用作电源开关,它一般不用来开断电动机的工作电流。一般刀开关结构如图3-4所示。

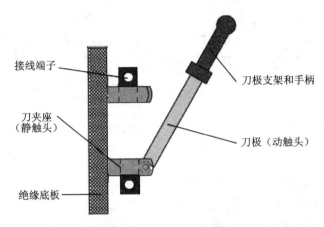

图3-4 一般刀开关结构图

一般刀开关由于分断速度慢,灭弧困难,仅用于切断小电流电路。若用刀开关切断较大电流的电路,特别是切断直流电路时,为了使电弧迅速熄灭以保护开关,可采用带有快速断弧刀片的刀开关,如图3-5所示。

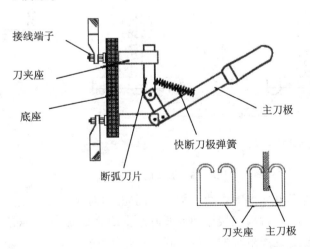

图3-5 具有断弧刀片的刀开关

图中:主刀极用弹簧与断弧刀片相连,在切断电路时,主刀极首先从刀夹座脱出,这时断弧刀片仍留在刀夹座内,电路尚未断开,无电弧产生。当主刀极拉到足够远时,在弹簧的作用下,断弧刀片与刀夹座迅速脱离,使电弧很快拉长而熄灭。

在电气系统中,刀开关用如图 3-6 所示符号表示,其文字符号用 Q 或 QS 表示。

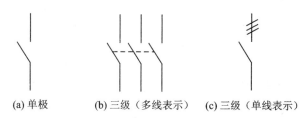

(a) 单极　　(b) 三级（多线表示）　(c) 三级（单线表示）

图 3-6　刀开关的符号表示

刀开关分单极、双极和三极,常用的三极刀开关长期允许通过电流有 100 A、200 A、400 A、600 A 和 1 000 A 五种。目前生产的产品有 HD(单极)和 HS(双投)等系列。

负荷开关是由有快断刀极的刀开关与熔断器组成的铁壳开关,常用来控制小容量的电动机的不频繁启动和停止。常用型号有 HH4 系列。

安装刀开关时,合上开关其手柄应在上方,不得倒装或平装。倒装时手柄可能因自动下滑而引起误操作,造成人身安全事故。接线时,将电源线连接在熔丝上端,负载线连接在熔丝下端,拉闸后刀开关与电源隔离,便于更换熔丝。

刀开关的选择应根据工作电流和电压来选择。

2) 转换开关

刀开关作为隔电用的配电电器是恰当的,但在小电流时用它来作为线路的接通、断开。另外在换接控制时就显得不太灵巧和方便,所以,在机床上广泛地用转换开关(又称组合开关)代替刀开关。

转换开关的特点:结构紧凑,占用面积小;操作时不是用手扳动而是用手拧转,故操作方便、省力。

图 3-7 所示是一种盒式转换开关结构示意图,它有许多对动触片,中间以绝缘材料隔开,装在胶木盒里,故称盒式转换开关。

常用型号有 HZ5、HZ10 系列。它是由一个或数个单线旋转开关叠成的,用公共轴的转动控制。

转换开关可制成单极和多极。多极的装置是:当轴转动时,一部分动触片插入相应的静触片中,使对应的线路接通,而另一部分开断,当然也可使全部动、静触片同时接通或开断。因此转换开关既起断路器的作用,又起转换器的作用。在转换开关的上部装有定位机构,以使触点处在一定的位置上,并使之迅速地转换而与手柄转动的速度无关。

盒式转换开关除了做电源的引入开关外,还可用来控制启动次数不多(每小时关合次数不超过 20 次)、7.5 kW 以下的三相鼠笼式感应电动机,有时也做控制线路及信号线路的转换开关。HZ5 型有单极、双极、三极的,额定电流有 10 A、20 A、40 A 和 60 A 四种。

3) 低压断路器

低压断路器又称自动开关或空气开关。它相当于刀开关、熔断器、热继电器和欠电压继电器的组合,是一种既有手动开关作用又能自动进行欠压、失压、过载和短路保护的电器。常见的低压断路器外形如图 3-8 所示。

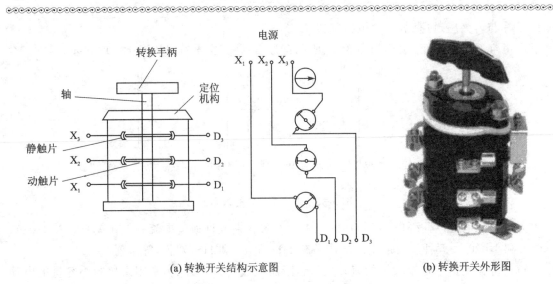

(a) 转换开关结构示意图　　　　　　　(b) 转换开关外形图

图 3-7　盒式转换开关结构示意图

图 3-8　常见的低压断路器

低压断路器在结构上由主触头及灭弧装置、各种脱扣器、自由脱扣机构和操作机构等部分组成,如图 3-9 所示。

① 主触头及灭弧装置:主触头是断路器的执行元件,用来接通和分断主电路,为提高其分断能力,主触头上装有灭弧装置。

② 脱扣器:脱扣器是断路器的感受元件,当电路出现故障时,脱扣器感测到故障信号后使断路器主触头分断,从而起到保护作用。按接受故障不同,有分励脱扣器、欠压失压脱扣器、过电流脱扣器、热脱扣器等。

③ 自由脱扣机构和操作机构:自由脱扣机构是用来联系操作机构和主触头的机构,当操作机构处于闭合位置时,也可操作分励脱扣机构进行脱扣,将主触头断开。

操作机构是实现断路器闭合、断开的机构。通常电力拖动控制系统中的断路器采用手动操作机构,低压配电系统中的断路器有电磁铁操作机构和电动机操作机构两种。

2. 接触器

接触器是在外界输入信号控制下自动接通或断开带有负载的主电路(如电动机)的自动控制电器,它是利用电磁力来使开关打开或闭合的电器。适用于频繁操作(高达每小时 1 500 次)、远距离控制强电流电路,并具有低压释放的保护性能、工作可靠、寿命长(机械寿命达

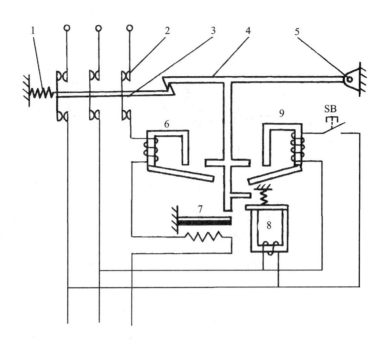

1—分闸弹簧；2—主触头；3—传动杆；4—锁扣；5—轴；
6—过电流脱扣器；7—热脱扣器；8—欠压失压脱扣器；9—分励脱扣器

图 3-9 低压断路器结构

2 000万次，电寿命达 200 万次)和体积小等优点，常用的接触器如图 3-10 所示。

接触器是继电器-接触器控制系统中最重要和最常用的元件之一，它的工作原理如图 3-11 所示。

图 3-10 常用的接触器

当按钮按下时，线圈通电，铁芯被磁化，把衔铁吸上，带动转轴使触头闭合，从而接通电路。当放开按钮时，过程与上述相反，使电路断开。

根据主触头所接回路的电流种类，接触器分为交流和直流两种。

1) 交流接触器

交流接触器由电磁机构、触头系统、灭弧装置、释放弹簧、触头弹簧、触头压力弹簧、支架及

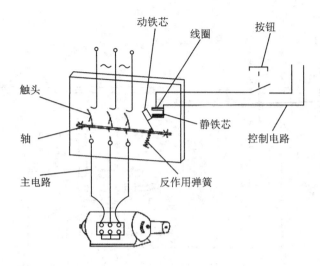

图 3-11 接触器控制电路的工作原理

底座等组成,如图 3-12 所示。

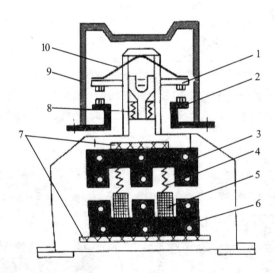

1—动触头;2—静触头;3—衔铁;4—弹簧;5—线圈
6—铁芯;7—垫毡;8—触头弹簧;9—灭弧罩;10—触头压力弹簧

图 3-12 交流接触器结构示意图

① **电磁机构**:电磁机构是电器的感测部分,其作用是将电磁能转换为机械能,带动触头使之接通或断开。电磁机构主要由线圈、铁芯和衔铁组成,其中铁芯和线圈固定不动,衔铁可以移动。由于交流接触器的线圈一般通入交流电,交流磁场中存在磁滞和涡流损失,将导致铁芯发热,因此铁芯和衔铁采用电工钢片叠压制成。同时,在铁芯极面上安装有分磁环以减少机械振动和噪声。

② **触头系统**:触头是接触器的执行系统,其作用是接通或断开电路。交流接触器一般采用双断点桥式触头,有 3 对主触头,连接在主电路中,起接通或断开主电路的作用,允许通过较大电流。辅助触头连接在控制回路中,完成一定的控制要求(如自锁、互锁等),只允许通过较

小的电流。

③ 灭弧装置：交流接触器在断开大电流电路时，一般会在动、静触头之间产生强烈的电弧。电弧一方面烧蚀触头，降低接触器的使用寿命和工作的可靠性，另一方面会使触头的分断时间延长，严重时会引起火灾或其他事故。因此，应采取适当的灭弧措施。

容量较小（10 A以下）的交流接触器一般采用双断触头和电动力灭弧，容量较大（20 A以上）的交流接触器一般采用灭弧栅灭弧。

2) 直流接触器

直流接触器主要用以控制直流电路（主电路、控制电路和励磁电路等）。它的组成部分和工作原理同交流接触器一样。目前常用的CZO系列的直流接触器原理结构如图3-13所示。

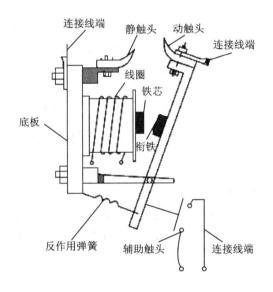

图3-13　直流接触器的原理结构

由于直流接触器的吸引线圈通以直流，不会因为涡流的作用而导致铁芯发热，所以直流接触器的铁芯可采用整块铸钢制成。另外，直流接触器没有冲击的启动电流，也不会产生铁芯猛烈撞击现象，因而它的寿命长，适用于频繁启动、制动的场合。

在电气系统中，接触器用如图3-14所示符号表示，其文字符号用KM表示。

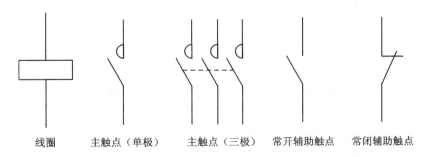

图3-14　接触器的符号表示

3. 继电器

接触器虽已将电动机的控制由手动变为自动,但还不能满足复杂生产工艺过程自动化的要求,如对大型龙门刨床的工作,不仅要求工作台能自动地前进和后退,而且要求前进和后退的速度不同,能自动地减速和加速。这些要求,必须要有整套自动控制设备才能满足,而继电器就是这种控制设备中的主要元件。

继电器实质上是一种传递信号的电器,它可根据不同的输入信号达到不同的控制目的。

继电器按检测信号的不同可分为:电压继电器、电流继电器、速度继电器、压力继电器、热继电器和时间继电器等。

按作用原理的不同可以分为:电磁式继电器、电子式继电器、机械式继电器、感应式继电器和电动式继电器等。

由于电磁式继电器具有工作可靠、结构简单、制造方便、寿命长等一系列的优点,故在机床电气传动系统中应用得最为广泛,约有 90% 以上的继电器是电磁式的。

继电器一般用来接通和断开控制电路,故电流容量、触头、体积都很小。只有当电动机的功率很小时,才可用某些中间继电器来直接接通和断开电动机的主电路。

电磁式继电器有直流和交流之分,它们的主要结构和工作原理与接触器基本相同,它们各自又可分为电流、电压、中间、时间继电器等,而且同一型号(如直流继电器 JT3)中可有多种继电器。

1) 电流继电器

电流继电器是根据电流信号而动作的,有以下两种形式。

欠电流继电器:正常工作时,继电器线圈流过负载额定电流,衔铁吸和动作;当负载电流降至继电器释放电流时,衔铁释放,带动触头复位。欠电流继电器常用常开触头连接在电路中起欠电流保护作用。

过电流继电器:正常工作时,继电器线圈流过负载额定电流,衔铁不动作。当负载电流超过额定电流一定值时(通常可设定),衔铁被吸和,带动触头动作。过电流继电器常用常闭触头连接在电路中起过电流保护作用。

电流继电器的线圈与负载串联,反映负载的电流值,其特点是线圈匝数少,线径较粗,能通过较大电流。

在电气传动系统中,用得较多的电流继电器有 JL14,JL15 等型号。选择电流继电器时主要根据电路的电流种类和额定电流大小来选择。

电流继电器的表示符号如图 3-15 所示,其文字符号用 KA 表示。

2) 电压继电器

电压继电器是反映电压变化的控制电器,也有以下两种形式。

欠电压继电器:当线圈电压低于其额定电压达到一定值时衔铁吸和,带动触点动作,一般在电路中作欠电压保护用。

过电压继电器:当线圈电压为额定电压时,衔铁不吸和,当高于额定电压达到一定值时,衔铁吸和,带动触点动作,常在电路中起到电压保护作用。

电压继电器的线圈与负载并联,反映负载的电压值,其特点是线圈匝数多,导线细。

在机床电气传动系统中常用的电压继电器有 JT3,JT4 和 JT18 型。选择电压继电器时根据线路电压的种类和大小来选择。

电压继电器的表示符号如图 3-16 所示,其文字符号用 KV 表示。

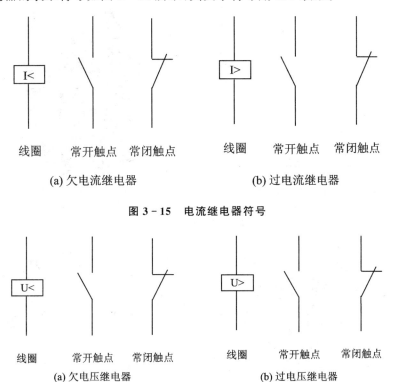

图 3-15 电流继电器符号

图 3-16 电压继电器

3) 中间继电器

中间继电器本质上是电压继电器,但还具有触头多(多至六对或更多)、触头能承受的电流较大(额定电流 5～10 A)、动作灵敏(动作时间小于 0.05 s)等特点。

它的用途有两个:

第一,用做中间传递信号。当接触器线圈的额定电流超过电压或电流继电器触头所允许通过的电流时,可用中间继电器作为中间放大器再来控制接触器。

第二,用做同时控制多条线路。

在机床电气控制系统中常用的中间继电器除了 JT3,JT4 型外,目前用得最多的要算是 JZ7 型和 JZ8 型中间继电器。在可编程序控制器和仪器仪表中还用到各种小型继电器。

选用中间继电器时,主要根据是控制线路所需触头的多少和电源电压等级。

中间继电器表示符号和实物如图 3-17 所示,其文字符号用 K 表示。

4) 时间继电器

继电器输入信号输入后,经过一定的延时后才有输出信号的继电器称为时间继电器。

时间继电器种类很多,常用的有电磁阻尼式、空气阻尼式、电动机式和电子式等。按延时方式可分为通电延时型和断电延时型。通电延时型是当接收输入信号后延迟一定时间,输出信号才发生变化;当输入信号消失后,输出瞬时复原。断电延时型是当接收输入信号后,瞬时产生输出变化;当输入信号消失后,延迟一定时间,输出信号才复原。本节仅介绍常用的空气阻尼式时间继电器,如图 3-18 所示。

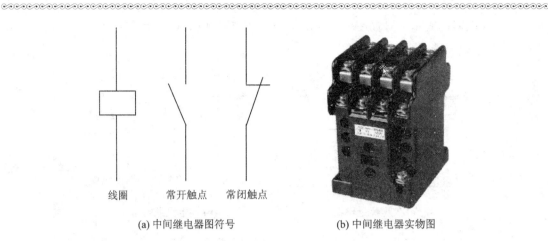

(a) 中间继电器图符号　　　　(b) 中间继电器实物图

图 3-17　中间继电器

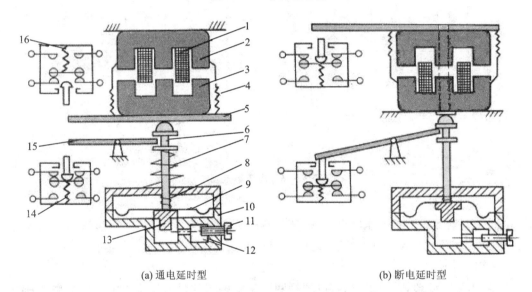

(a) 通电延时型　　　　　　　(b) 断电延时型

1—线圈；2—铁芯；3—衔铁；4—反力弹簧；5—推板；6—活塞杆；7—塔形弹簧；8—弱弹簧；9—橡皮膜；
10—空气室壁；11—调节螺钉；12—进气孔；13—活塞；14、16—微动开关；15—杠杆

图 3-18　JS7-A 系列空气阻尼式时间继电器结构原理图

以 JS7-A 系列时间继电器为例分析其工作原理，其结构如图 3-18 所示。现以通电延时型时间继电器为例进行分析。当线圈 1 通电后，衔铁 3 吸合，活塞杆 6 在塔形弹簧 7 作用下带动活塞 13 及橡皮膜 9 向上移动，橡皮膜下方空气室变得稀薄，形成负压，活塞杆只能缓慢移动，其移动速度由进气孔气隙大小来决定。经一段延时后，活塞杆通过杠杆 15 压动微动开关 14，使其触点动作，起到通电延时的作用。

当线圈断电时，衔铁释放，橡皮膜下方空气室内的空气通过活塞肩部所形成的单向阀迅速排出，使活塞杆、杠杆、微动开关迅速复位。由线圈通电至触头动作的一段时间即为时间继电器的延时时间，延时长短可通过调节螺钉 11 来调节进气孔气隙大小来改变。

微动开关 16 在线圈通电或断电时，在推板 5 的作用下都能瞬时动作，起触头为时间继电器的瞬动触头作用。

空气阻尼式时间继电器具有结构简单、延时范围较大、价格低的优点，但其延时精度较低，

没有调节指示,适用于延时精度要求不高的场合。

常见的空气阻尼式时间继电器如图 3-19 所示。

图 3-19 常见的空气阻尼式时间继电器

时间继电器表示符号如图 3-20 所示,其文字符号用 KT 表示。

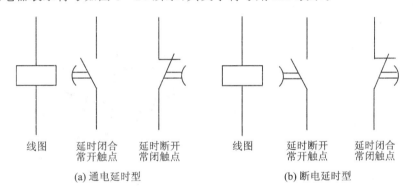

(a) 通电延时型　　(b) 断电延时型

图 3-20 时间继电器表示符号

5) 热继电器

热继电器是根据控制对象的温度变化来控制电流流通的继电器,即是利用电流的热效应而动作的电器。

它主要用来保护电动机的过载。电动机工作时是不允许超过额定温升的,否则会降低电动机的寿命。熔断器和过电流继电器只能保护电动机不超过允许最大电流,不能反映电动机的发热状况。电动机短时过载是允许的,但长期过载时电动机就要发热,因此,必须采用热继电器进行保护。图 3-21 所示是热继电器的原理结构示意图。

动作原理如下:当电动机过载时,通过发热元件 2 的电流使双金属片 1 向左膨胀,1 推动导板 3,并通过补偿双金属片 4 与推杆 6 将触头 7 与 8 分开。此常闭触头串接在接触器线圈电路中,触头分开后,接触器线圈断电,使得连接在电机主回路中的接触器主触头断开,实现电机的过载保护。

调节凸轮 10 用来改变补偿双金属片与导板间的距离,达到调节整定动作电流的目的。此

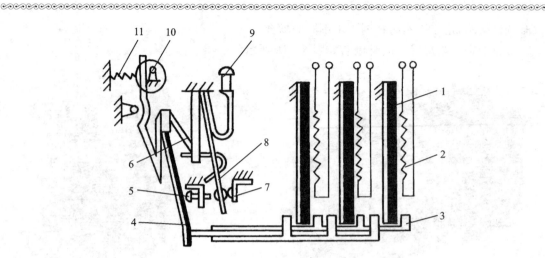

1—主双金属片；2—电阻丝；3—导板；4—补偿双金属片；5—螺钉；6—推杆
7—静触头；8—动触头；9—复位按钮；10—调节凸轮；11—弹簧

图 3-21 双金属片式热继电器结构原理图

外，调节复位螺钉 5 可改变常开触头的位置，使热继电器工作在手动复位或自动复位两种工作状态。调试手动复位时，在故障排除后需按下复位按钮 9 才能使常闭触头闭合。

热继电器表示符号和实物如图 3-22 所示，其文字符号用 FR 表示。

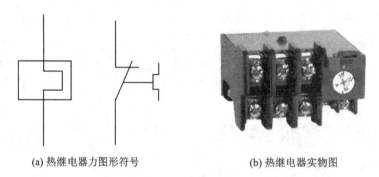

(a) 热继电器力图形符号　　　　(b) 热继电器实物图

图 3-22 热继电器表示符号及实物图

目前常用的热继电器有 JR14、JR15、JR16 等系列。使用热电器时要注意以下几个问题。

① 为了正确地反映电动机的发热，在选择热继电器时应采用适当的热元件，热元件的额定电流与电动机的额定电流相等时，继电器便准确地反映电动机的发热。

② 注意热继电器所处的周围环境温度，应保证它与电动机有相同的散热条件，特别是有温度补偿装置的热继电器。

③ 由于热继电器有热惯性，大电流出现时它不能立即动作，故热继电器不能用做短路保护。

④ 用热继电器保护三相异步电动机时，至少要用有两个热元件的热继电器，从而在不正常的工作状态下，也可对电动机进行过载保护，例如，电动机单相运行时，至少有一个热元件能起作用。当然，最好采用有三个热元件带缺相保护的热继电器。

4. 熔断器

熔断器俗称保险丝，广泛应用于低压配电系统和控制系统及用电设备中，是一种当电流超过规定值一定时间后,以其本身产生的热量使熔体熔化而分断电路的电器。其主体是低熔点的金属丝或金属薄片制成的熔体,串联在被保护的电路中,正常情况下相当于一根导线,当发生短路或过载时因电流增大而被熔断,切断电路,从而保护电路。

熔断器主要由熔体、熔管、填料和导电部件等组成。熔体是熔断器的主要部分,常制成丝状、片状、带状或笼状。其材料有两类:一类为低熔点材料,如铅、锡的合金,锑、铝合金,锌等;另一类为高熔点材料,如银、铜、铝等。熔断器串联接入电路时,负载电流流经熔体,当电路发生短路或过电流时,熔体发热严重,当达到熔体金属熔化温度时就会自行熔断,期间伴随着燃弧和熄弧过程,随之切断故障电路,起到保护作用。当电路正常工作时,熔体在额定电流下不应熔断,所以其最小熔化电流必须大于电路额定电流。填料目前广泛应用的是石英砂,主要有两个作用:作为灭弧介质和帮助熔体散热。

熔断器的种类很多,按结构来分有半封闭式瓷插式、螺旋式、无填料密封管式和有填料密封管式;按用途分有一般工业用熔断器、半导体保护用快速熔断器和特殊熔断器。如图3-23所示为常见的螺旋式熔断器结构示意图、实物图及表示符号,其文字符号用FU表示。

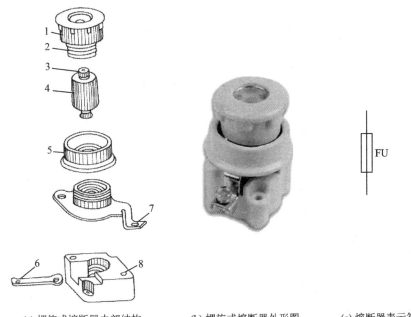

(a) 螺旋式熔断器内部结构　　(b) 螺旋式熔断器外形图　　(c) 熔断器表示符号

1—瓷帽;2—金属螺管;3—指示器;4—熔管;5—瓷套;6—下接线端;7—上接线端;8—瓷座

图3-23　熔断器结构示意图及表示符号

熔断器的选择主要包括熔断器的类型、额定电压、额定电流和熔体额定电流等参数。

1) 熔断器类型的选择

主要根据负载的保护特性和短路电流大小来选择。

用于保护照明电路和电动机的熔断器,一般考虑过载保护,要求熔断器的熔化系数适当小些。对于大容量的照明线路和电机,除过载保护外,还应考虑短路时的分断短路电流能力。

2) 熔断器额定电压的选择

熔断器的额定电压应大于或等于所接电路的额定电压。

3) 熔体、熔断器额定电流的选择

熔体额定电流大小与负载大小、负载性质有关。对于负载平稳无冲击电流的照明电路、电热电路等可按负载电流大小来确定熔体的额定电流；对于有冲击电流的电机负载，为起到短路保护作用，又保证电机的正常启动，一般按电机额定电流的 1.5～2.5 倍来选择。

当熔体额定电流确定后，根据熔断器额定电流大于或等于熔体额定电流的原则来确定熔断器额定电流。

4) 熔断器额定电流的校验

对选定的熔断器还需校验其保护特性，看与保护对象的过载特性是否有良好的配合。同时，熔断器的极限分断能力应大于或等于保护电路可能出现的短路电流值，这样才可获得可靠的短路保护。

5. 主令电器

主令电器主要用来接通或断开控制电路，以发布命令或信号，改变控制系统的工作状态。机床上最常见的主令电器为控制按钮、行程开关、万能转换开关和主令控制器等。

1) 控制按钮

按钮是一种专门发号施令的电器，主要用于远距离操作具有电磁线圈的电器，由操作者用以接通或断开控制回路中的电流，也用于控制电路中发布指令和执行电气联锁。

控制按钮一般由按钮帽、复位弹簧、触头和外壳等部分组成，其结构示意图和图形符号如图 3-24 所示，其文字符号用 SB 表示。每个按钮中的触头形式和数量可根据需要装配成 1 常开 1 常闭到 6 常开 6 常闭等形式。按下按钮时，常闭触头先断开，常开触头后接通。当松开按钮时，在复位弹簧作用下，常开触头先断开，常闭触头后闭合。

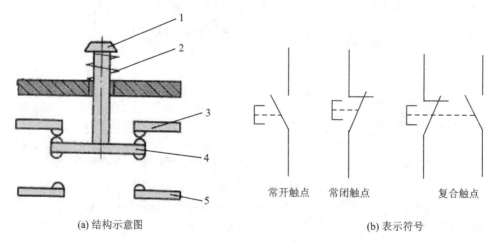

(a) 结构示意图　　　　　　　　　　(b) 表示符号

1—按钮帽；2—复位弹簧；3—常闭静触头；4—动触头；5—常开静触头

图 3-24　控制按钮的结构示意图与图形符号

控制按钮按保护形式分为开启式、保护式、防水式和防腐式等。按结构形式分为嵌压式、紧急式、钥匙式、带信号灯、带灯揿钮式、带灯紧急式等。按钮颜色有红、黑、绿、黄、白、蓝等，一般红色表示停止按钮，绿色表示启动按钮。

按钮的主要技术参数有额定电压、额定电流、结构形式、触头数及按钮颜色等。常用的控制按钮额定电压 380 V，额定工作电流 5 A。

常用的按钮有 LA18,LA19,LA20,LAY3 等型号。

2) 行程开关

依据生产机械的行程发出命令,以控制其运动方向和行程长短的一种主令电器。若将行程开关安装于生产机械行程的终点处,用以限制其行程,则称为限位开关或终端开关。

行程开关的图形符号如图 3-25 所示,其文字符号用 SQ 表示。

行程开关按结构分为机械结构的接触式有触点行程开关和电气结构的非接触式接近开关。接触式行程开关按其结构可分为直动式、滚动式和微动式三种。直动式和滚动式行程开关如图 3-26 和图 3-27 所示。

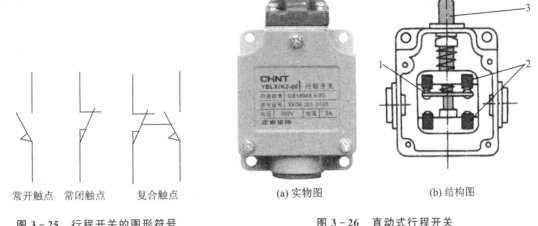

常开触点　常闭触点　复合触点　　　　(a) 实物图　　　　　　　(b) 结构图

图 3-25 行程开关的图形符号　　　　图 3-26 直动式行程开关

(a) 单轮滚动式行程开关　　　　(b) 双轮滚动式行程开关

图 3-27 滚动式行程开关

3) 主令控制器

主令控制器与万能转换开关广泛应用在控制线路中,以满足需要多联锁的电力拖动系统的要求,实现转换线路的遥远控制。

主令控制器又名主令开关,它的主要部件是一套接触元件,其中的一组如图 3-28 所示,具有一定形状的凸轮 1 个和 7 固定在方形轴上。和静触头 3 相连的接线头 2 上连接被控制器所控制的线圈导线。桥形动触头4固定于能绕轴6转动的支杆5上。当转动凸轮7的轴时，使其凸出部分推压小轮8并带动支杆5，于是触头被打开，按照凸轮的形状不同，可以获得触头闭合、打开的任意次序，从而达到控制多回路的要求。它最多有12个接触元件，能控制12条电路。

常用的主令控制器有LK14、LK15和LK16型。

4）万能转换开关

万能转换开关是由多组相同结构的触头组件叠装而成的多挡位多回路的主令电器，用于各种低压控制电路的转换、电气测量仪表的转换以及配电设备的遥控和转换，也可用于小型电动机的启动和调速。常用的有LW5、LW6型，结构如图3-29所示，主要由操作机构、面板、手柄及数个触点组成。在每层触头底座上均可安装三对触头，并由触头底座中的凸轮经转轴来控制这三对触头的通断。由于各层凸轮可做成不同的形状，这样用手柄将开关转至不同的位置时，经凸轮的作用，可实现各层中的各触头按规定的规律接通或断开，以适应不同的控制要求。

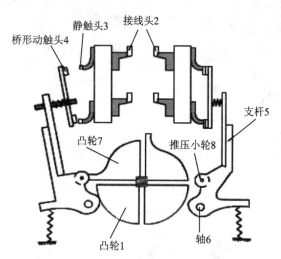
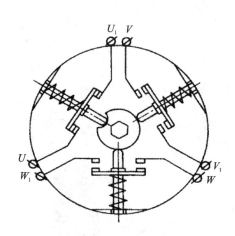

图3-28 主令控制器原理示意图　　　图3-29 万能转换器结构示意图

6. 执行电器

在电力拖动控制系统中，除了用到上面已经介绍的作为控制元件的接触器、继电器和主令电器等控制电器外，还常用到为完成执行任务的电磁铁、电磁离合器、电磁工作台等执行电器。

1）电磁铁

广义而言，电磁铁是一种通电以后，对铁磁物质产生引力，把电磁能转换为机械能的电器。而这里介绍的电磁铁是指将电流信号转换成机械位移的执行电器。它的工作原理与接触器相同。它只有铁芯和线圈，图3-30所示为单相交流电磁铁的结构示意图。

交流电磁铁在线圈通电，吸引衔铁而减少气隙时，由于磁阻减小，线圈内自感电势和感抗增大，因此，电流逐渐增大，但与此同时气隙漏磁通减小，主磁通增加，其吸力将逐步增大，最后将达到1.5～2倍的初始吸力。

由此可看出，使用这种交流电磁铁时，必须注意使衔铁不要有卡住现象，否则衔铁不能完全吸上而留有一定气隙，将使线圈电流大增而严重发热甚至烧毁。交流电磁铁适用于操作不太频繁、行程较大和动作时间的执行机构,常用的交流电磁铁有:MQ2系列牵引电磁铁、MZD1系列单相制动电磁铁和MZS1系列三相制动电磁铁。

直流电磁铁的线圈电流与衔铁位置无关,但电磁吸力与气隙长度关系很大。所以,衔铁工作行程不能很大。由于线圈电感大,线圈断电时会产生过高的自感电势,故使用时要采取措施消除自感电势(常在线圈两端并联一个二极管或电阻)。直流电磁铁的工作可靠性好、动作平衡、寿命比交流电磁铁长,它适用于运用频繁或工作平衡可靠的执行机构。常用的直流电磁铁有:MZZ1A、MZZ2S系列直流制动电磁铁和MW1、MW2系列起重电磁铁。

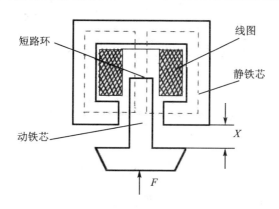

图 3-30 单相交流电磁铁的结构示意图

采用电磁铁制动电动机的机械制动方法,对于经常制动和惯性较大的机械系统来说,应用得非常广泛。常称为电磁抱闸制动。

起重电磁铁可以起重各种钢铁、分散的钢砂等磁性物体,如 MW1-45 型直流起重电磁铁在起重钢板时起重力可达到 4.4×10^5 N。

选用电磁铁时,应根据机械所要求的牵引力、工作行程、通电持续率、操作频率等来选。

2) 电磁离合器

电磁离合器是利用表面摩擦或电磁感应来传递两个转动体间转矩的执行电器。由于能够实现远距离操纵,控制能量小,便于实现机床自动化,同时动作快,结构简单,因此,获得了广泛的应用。常用的电磁离合器有摩擦片式电磁离合器、摩擦粉末离合器和电磁转差离合器。

在机床上广泛采用多片式的摩擦片式电磁离合器,摩擦片制成如图 3-31 所示的特殊形状,摩擦片数在 2～12 之间。多片式电磁离合器的缺点是制造工艺复杂,其次是不能满足迅速动作的要求,因它在接合过程中必须具有机械移动过程。常用的电磁离合器有 DLM0、DLM2 和 DLM3 系列。

电磁粉末离合器的工作原理如图 3-32 所示。在铁芯气隙间安放铁粉,当线圈通电产生磁通后,粉末就沿磁力线紧紧排列,因此,主动轴和从动轴发生对移动时,在铁磁粉末层间就产生抗剪力。抗剪力是由已磁化的粉末彼此之间摩擦而产生,这样就带动从动轴转动,传递转矩。它的优点是动作快,因为没有如摩擦片的机械位移过程,仅是粉末沿磁力线排列的过程;其次是制造简单,在工艺上没有特殊的严格要求。缺点是工作性能不够稳定。

除上述利用摩擦原理制成的电磁离合器外,还有利用电磁感应原理制成的电磁转差离合器(又称滑差离合器)。

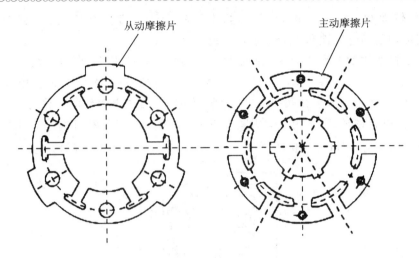

图 3-31 多片式电磁离合器的摩擦片

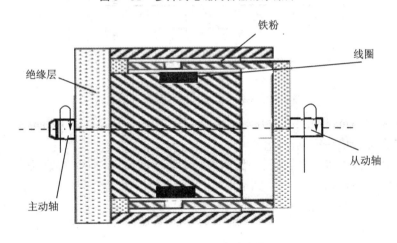

图 3-32 电磁粉末离合器

3) 电磁夹具

电磁夹具在机床上应用很多,尤其是由电磁工作台(或电磁吸盘)在平面磨床上广为采用。电磁工作台的结构形式之一如图 3-33 所示。

在电磁工作台平面内嵌入铁芯极靴,并且用锡合金等绝磁材料与工作台相隔,线圈套在各铁芯柱上,当线圈中通有直流电流时就产生如图中虚线所示的磁通,工件放在工作台上,恰使磁通成闭合回路,因此,将工件吸住。

当工件加工完毕需要拉开时,只要电磁工作台励磁线圈的电源切断即可。

电磁工作台较之机械夹紧装置具有许多优点:

① 夹紧简单、迅速、缩短辅助时间,夹紧工件时只需动作一次,而机械夹紧需要固定许多点。

② 能同时夹紧许多工件,而且可以是很小的工件,既方便又提高生产率。

③ 加工精度高,工件在加工过程中由于发热变形时可以自由伸缩,不会产生弯曲,同时对夹紧表面无任何损伤,但因工件发热,其热量将传到电磁工作台使它变形,从而影响加工精度,故为了提高加工精度,还需用冷却液等冷却工件,从而降低工件温度。

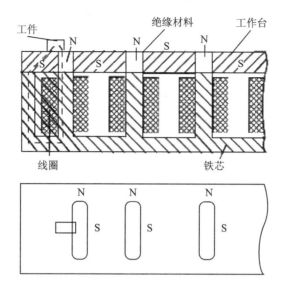

图 3-33 电磁工作台

它的缺点是：只能固定铁磁材料，且夹紧力不大，断电时易将工件摔出，造成事故。为了防止事故，常采用励磁保护，使线圈断电时，工作台即停止工作；此外，工件加工后有剩磁，工件不易取下，尤其对某些不允许有剩磁的工件如轴承，必须进行去磁。去磁的方法常有两种：

第一，为了容易取下工件，常在线圈中通一反方向的去磁电流；

第二，为了比较彻底地除去工件的剩磁，需另用退磁器，常用的退磁器为 TC-1 型。

电磁工作台尚有永磁式的，它不会有断电将工件摔出的危险。

在电气传动系统中电磁铁、电磁离合器和电磁夹具的文字符号分别用 YA、YC 和 YH 表示，它们的图形符号与接触器线圈的符号相同，仅是线条稍粗一些。

模块二　数控机床电气原理

一、电气控制系统图

电气控制系统是由电气元件按一定要求连接而成。为了清晰地表达生产机械控制系统的工作原理，便于系统的安装、调整、使用和维修，将电气控制系统中的各电气元件用一定的图形符号和文字符号表达出来，再将其连接情况用一定的图形表达出来，这种图形就是电气控制系统图。

常用的电气控制系统图有电气原理图、电器布置图和电气安装接线图。

1. 电气原理图

电气原理图是用来表示电路各个电气元件导电部件的连接关系和工作原理的图。该图应根据简单、清晰的原则，采用电气元件展开形式来绘制，它不按电气元件的实际位置来画，也不反映电气元件的大小、安装位置，只用电气元件的导电部件及其接线端钮表示电气元件，用导线将这些导电部件连接起来，反映其连接关系。所以，电气原理图结构简单、层次分明、关系明确，适用于分析研究电路的工作原理，且为其他电气图的依据。

绘制如图 3-34 所示电路原理图，一般遵循以下原则：

① 为了区别主电路与控制电路，在绘线路图时主电路（电机、电器及连接线等），用粗线表示，而控制电路（电器及连接线等）用细线表示。通常习惯将主电路放在线路图的左边（或上部），而将控制电路放在右边（或下部）。

② 动力电路、控制电路和信号电路应分别绘出：

动力电路——电源电路绘水平线；受电的动力设备（如电动机等）及其他保护电器支路，应垂直电源电路画出。

控制和信号电路——应垂直地绘于两条水平电源线之间，耗能元件（如线圈、电磁铁，信号灯等）应直接连接在接地或下方的水平电源线上，控制触头连接在上方水平线与耗能元件之间。

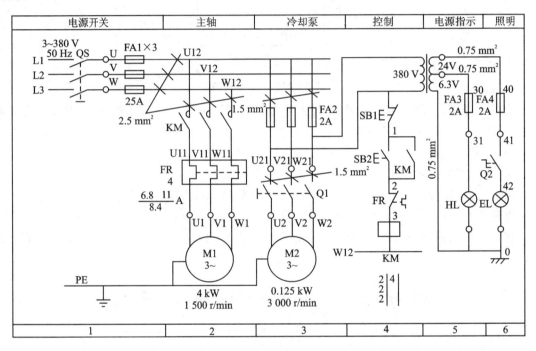

图 3-34 CW6132 普通车床电气原理图

③ 在原理图中各个电器并不按照它实际的布置情况绘在线路上，而是采用同一电器的各部件分别绘在它们完成作用的地方。

④ 为区别控制线路中各电器的类型和作用，每个电器及它们的部件用一定的图形符号表示，且给每个电器有一个文字符号，属于同一个电器的各个部件（如接触器的线圈和触头）都用同一个文字符号表示。而作用相同的电器都用一定的数字序号表示。

⑤ 因为各个电器在不同的工作阶段分别做不同的动作，触点时闭时开，而在原理图内只能表示一种情况，因此，规定所有电器的触点均表示正常位置，即各种电器在线圈没有通电或机械尚未动作时的位置。如对于接触器和电磁式继电器为电磁铁未吸上的位置，对于行程开关、按钮等则为未压合的位置。

⑥ 为了便于确定原理图的内容和组成部分在图中的位置，常在图纸上分区。竖边方面用大写拉丁字母编号，横边用阿拉伯数字编号。有时为方便读图和分析电路原理，常把数字区放

在图的下方,对应的上方标明该区域的元件或电路的功能。

⑦ 电气原理图中,在继电器、接触器线圈的下方注有该继电器、接触器相应触点所在图中位置的索引代号,索引代号用图面区域号表示。

⑧ 电气原理图应标出下列数据或说明:
- 各电源电路的电压值、极性或频率及相数。
- 某些元器件的特性(如电阻、电容器的参数值等);
- 不常用的电器(如位置传感器,手动触头,电磁阀门或气动阀,定时器等)的操作方法和功能。

⑨ 对具有循环运动的机构,应给出工作循环图,万能转换开关和行程开关应绘出动作程序和动作位置。

2. 电器布置图

电器元件布置图是用来表明电气原理图中各元器件的实际安装位置,可视电气控制系统复杂程度采取集中绘制或单独绘制。

电器元件的布置应注意以下几个方面:

① 体积大和较重的电器元件应安装在电器安装板的下方,而发热元件应安装在电器安装板的上面。

② 强电、弱电应分开,弱电应屏蔽,防止外界干扰。

③ 需要经常维护、检修、调整的电器元件安装位置不宜过高或过低。

④ 电器元件的布置应考虑整齐、美观、对称。外形尺寸与结构类似的电器安装在一起,以利安装和配线。

⑤ 电器元件布置不宜过密,应留有一定间距。如用走线槽,应加大各排电器间距,以利布线和维修。

3. 电气安装接线图

电气安装接线图主要用于电器的安装接线、线路检查、线路维修和故障处理,通常接线图与电气原理图和元件布置图一起使用。电气安装接线图表示出项目的相对位置、项目代号、端子号、导线号、导线型号、导线截面等内容。接线图中的各个项目(如元件、器件、部件、组件、成套设备等)采用简化外形(如正方形、矩形、圆形)表示,简化外形旁应标注项目代号,并应与电气原理图中的标注一致。

电气安装接线图的绘制原则是:

① 各电气元件均按实际安装位置绘出,元件所占图面按实际尺寸以统一比例绘制。

② 一个元件中所有的带电部件均画在一起,并用点画线框起来,即采用集中表示法。

③ 各电气元件的图形符号和文字符号必须与电气原理图一致,并符合国家标准。

④ 各电气元件上凡是需接线的部件端子都应绘出,并给以编号,各接线端子的编号必须与电气原理图上的导线编号相一致。

⑤ 绘制安装接线图时,走向相同的相邻导线可以绘成一股线。

4. 电气系统中的基本保护环节

1）电流保护

① 短路保护：防止用电设备（电动机、接触器等）短路而产生大电流冲击电网，损坏电源设备或保护用电设备突然流过短路电流而引起用电设备、导线和机械上的严重损坏。

采用的短路保护电器有熔断器、自动断路器。

原理：熔断器或自动断路器串入被保护的电路中，当电路发生短路或严重过载时，熔断器的熔体部分自动迅速熔断或自动断路器的过电流脱钩器脱开，从而切断电路，使导线和电器设备不受损坏。

② 过电流保护：过电流保护是区别于短路保护的一种电流型保护。所谓过电流指电机或用电器元件的电流超过其额定电流的运行状态，一般比短路电流小，不超过额定电流的 6 倍。在过电流情况下，电器元件并不是马上损坏，只要在达到最大允许温升之前，电流能恢复正常，还是允许的，但过大的冲击电流易损坏电机，同时过大的电机电磁转矩也会使机械传动部件受到损坏，因此，要及时切断电源。

采用过电流保护的电器为过电流继电器。

原理：过电流继电器的线圈串接在被保护电路中，当电路电流达到其整定值时，过电流继电器动作，其串接在接触器线圈电路中的常闭触头断开，使接触器线圈断电释放，接触器主触头断开切断电机电源。

2）过载保护：防止用电设备（如电动机等）长期过载而损坏用电设备

采用过载保护的电器有热继电器、自动断路器。

原理：热继电器的线圈接在电动机的回路中，而触头接在控制回路中。当电动机过载时，长时间的发热使热继电器的线圈动作，从而触头动作，断开控制回路，使电动机脱离电网。

自动断路器：自动断路器接入被保护的电路中，长期的过电流使热脱钩器脱开，从而切断电路。

3）零压（或欠压）保护

设备工作中，电源停电，电动机停止，机械停止运动；当电源来电时，电动机可自动启动运行，即机械突然运动，可能造成机械或人身事故。在自动控制系统中，要保证在失电后，没有人工操作，电动机不能自动启动的保护称为零压（欠压）保护。

作用：防止因电源电压的消失或降低引起机械设备停止运行，当故障消失后设备自动启动运行而可能造成的机械或人身事故。

4）过电压保护

电磁铁、电磁吸盘等大电感负载及直流电磁机构、直流继电器等，在通电时会产生较高的感应电动势，使电磁线圈绝缘击穿而损坏。

常采用的保护措施是在线圈两端并联一个电阻，电阻串接电容或二极管串接电阻，形成一个放电回路，实现过电压的保护。

5）零励磁保护

防止直流电动机在没有加上励磁电压时，就加上电枢电压而造成机械"飞车"或电动机电枢绕组烧坏的一种保护。

二、电气控制的基本控制规律

1. 点动与连续运转

生产机械的运转状态有连续运转与短时间断运转,所以对其拖动电机的控制也有点动与连续运转两种控制电路,图 3-35 为电动机点动与连续运转控制电路,图左方为主电路图,右方为三种控制形式的控制电路图。

图 3-35(a)是最基本的点动控制电路。按下点动按钮 SB,KM 线圈通电,电机启动旋转;松开按钮,KM 线圈断电释放,电机停转。

图 3-35(b)是既可实现点动也可实现连续运转的电路,用开关 SA 实现点动和连续运转的转换。合上开关 SA,当按下 SB2,KM 线圈通电,KM 主触头与常开触头闭合,电机启动;当松开启动按钮 SB2 时,虽然 SB2 这一路已断开,但 KM 线圈仍通过自身常开触头这一通路而保持通电,使电动机继续运转,这种依靠接触器自身辅助触头而保持通电的现象称为自锁,这对起自锁作用的辅助触头称为自锁触头;断开 SA,电路实现点动控制。

图 3-35(c)也是既能实现点动也能实现连续运转的电路,其中复合按钮 SB3 实现点动控制,按钮 SB2 实现连续运转。

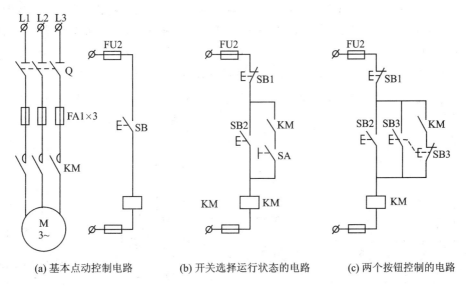

(a) 基本点动控制电路　　(b) 开关选择运行状态的电路　　(c) 两个按钮控制的电路

图 3-35　电动机点动与连续运转控制电路

2. 自锁与互锁控制

自锁与互锁的控制统称为电气的联锁控制,在电气控制电路中应用十分广泛。

图 3-36 为三相笼式异步电动机全压启动单向运转控制电路。这是一个典型的有自锁控制的单向运转电路,也是一个具有最基本的控制功能的电路。

图 3-37 为三相异步电动机正反转控制电路,图左方为其主电路图,右方为三种控制电路图。图 3-37(a)是由两个单向旋转控制电路组合而成。主电路由正、反转接触器 KM1、KM2 的主触头来实现电动机三相电源任意两相的换相,从而实现电动机正反转。当正转启动时,按下正转启动按钮 SB2,KM1 线圈通电吸合并自锁,电动机正向启动并运转;当反转启动时,按下正转启动按钮 SB3,KM2 线圈通电吸合并自锁,电动机便反向启动并运转。但若在按下正

转启动按钮SB2,电动机已进入正转运行后,接着又按下反转启动按钮SB3的误操作时,由于正、反转接触器KM1、KM2线圈均通电吸合,其主触头均闭合,于是发生电源两相短路,致使熔断器FU1熔体熔断,电动机无法工作。因此,该电路在任何时候只能允许一个接触器通电工作。为此,通常在控制电路中将KM1、KM2正反转接触器常闭辅助触头串接在对方线圈电路中,形成相互制约的控制,这种相互制约的控制关系成为互锁,这两对起互锁作用的常闭触头称为互锁触头。

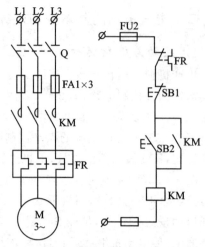

图3-36 三相笼式异步电动机全压启动单向运转控制电路

图3-37(b)是利用正反转接触器常闭辅助触头作互锁的,这种互锁称为电气互锁。这种电路要实现电动机由正转到反转,或由反转到正转,都必须先按下停止按钮,然后才可以进行反向启动,这种电路称为"正-停-反"电路。

图3-37(c)是在图(b)基础上又增加了一对互锁,这对互锁是将正、反转启动按钮的常闭辅助触头串接在对方接触器线圈电路中,这种互锁称为按钮互锁,又称机械互锁,所以图(c)是具有双重互锁的控制电路。该电路可以实现不按停止按钮,由正转直接变反转,这是因为按钮互锁触头可实现先断开正在运行的电路,再接通反向运转电路这种电路称为"正-反-停"电路。

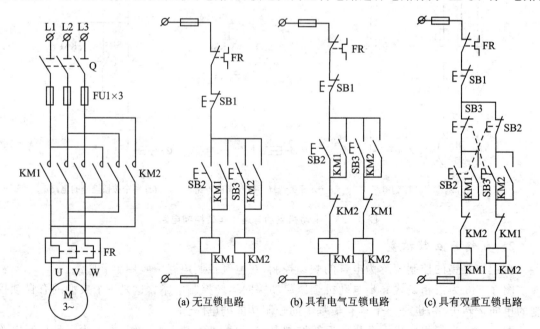

图3-37 三相异步电动机正反转控制电路

3. 多地联锁控制

在一些大型生产机械和设备上,要求操作人员在不同方位能进行操作与控制,即实现多地控制。多地控制是用多组启动按钮、停止按钮来进行的,这些按钮的连接原则是:启动按钮常开触头要并联,即逻辑或的关系;停止按钮常闭触头要串联,即逻辑与的关系,如图 3-38 所示。

4. 顺序控制

在生产实际中,有些设备往往要求其上的多台电机按一定顺序实现其启动和停止,如磨床上的电机就要求先启动液压泵电机,再启动主轴电机。顺序启动控制电路有顺序启动、同时停止和顺序启动、顺序停止两种。图 3-39 为两台电机顺序控制电路图,图中左方为两台电机顺序控制主电路,右方为两种不同控制要求的控制电路,其中图 3-39(a)为按顺序启动电路图,合上主电路与控制电路电源开关,按下启动按钮 SB2,KM1 线圈通电并自锁,电动机 M1 启动旋转,同时串在 KM2 控制电路中的 KM1 常开辅助触头也闭合,此时再按下按钮 SB4,KM2 线圈通电并自锁,电机 M2 启动旋转。如果先按下 SB4 按钮,因 KM1 常开辅助触头断开,电机 M2 不可能先启动,达到按顺序启动 M1、M2 的目的。

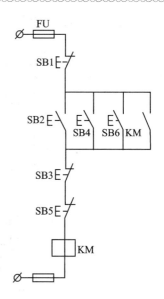

图 3-38 多地控制电路图

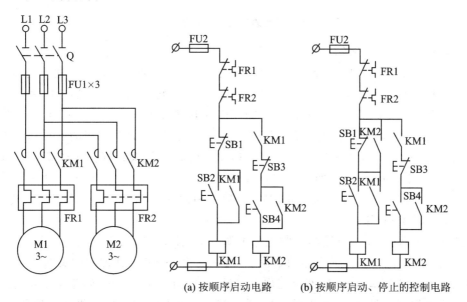

(a) 按顺序启动电路　　(b) 按顺序启动、停止的控制电路

图 3-39 两台电动机顺序控制电路图

生产机械除要求按顺序启动外,有时还要求按一定顺序停止,如传送带运转机,前面的第一台运输机先启动,再启动后面的第二台;停车时应先停第二台,再停第一台,这样才不会造成物料在传送带上的堆积和滞留。图 3-39(b)为按顺序启动与停止的控制电路,为此在图 3-39(a)的基础上,将接触器 KM2 的常开辅助触头并联在 SB1 的两端,这样,即使先按下 SB1,由于 KM2 线圈仍通电,电机 M1 不会停转,只有按下 SB3,电机 M2 先停后,再按下 SB1 能使 M1 停转,达到先停 M2、后停 M1 的要求。

在许多顺序控制中,要求有一定的时间间隔,此时往往用时间继电器来实现。图 3-40 为时间继电器控制的顺序启动电路,接通主电路与控制电路电源,按下启动按钮 SB2,KM1、KT

线圈同时得电并自锁,电机 M2 启动;同时 KM2 常闭辅助触头断开将时间继电器 KT 线圈电路切断,KT 不再工作。

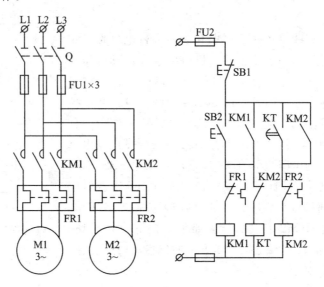

图 3-40 时间继电器控制的顺序启动电路

5. 自动往返循环控制

在生产中,某些机床的工作台需要进行自动往复运动,而自动往复运行通常是利用行程开关来控制自动往复运动的相对位置,再来控制电机的正反转或电磁阀的通断电来实现生产机械的自动往复运动。图 3-41 为自动往复循环控制电路,其中图 3-41(a)为机床工作台自动往复运动示意图,在床身两端固定有行程开关 SQ1、SQ2,用来表明加工的起点和终点。在工作台上设有撞块 A 和 B,其随运动部件一起移动,分别压下 SQ2、SQ1 来改变控制电路的状态,实现电机的正反向运转,从而使工作台自动往复运动。图 3-41(b)为自动往复循环控制主电路和控制。图中 SQ1 为反向转正向行程开关,SQ2 为正向转反向行程开关,SQ3 为正向限位开关,SQ4 为反向限位开关。

电路工作原理:合上主电路与控制电路电源开关,按下 SB2,KM1 线圈通电并自锁,电机正转启动,拖动工作台前进,向右移动到位时,撞块 A 压下 SQ2,其常闭触头断开,使 KM1 线圈断电,常开触头闭合,使 KM2 线圈通电并自锁,电机由正转变为反转,拖动工作台由前进变为后退。当后退到位时,撞块 B 压下 SQ1,使 KM2 断电,KM1 通电,电机由反转变为正转,拖动工作台后退变为前进,如此周而复始实现自动往返工作。当按下停止按钮 SB1 时,电机停止,工作台停下。当行程开关 SQ1、SQ2 失灵时,由限位开关 SQ3、SQ4 来实现极限保护,避免运动部件因超出限位位置而发生事故。

三、三相异步电机的降压启动控制

10 kW 以下的电机,一般可以采用全压启动,但当电机功率超过 10 kW 时,因启动电流较大,一般采用降压启动。三相异步电机常用的降压启动方式有 Y－△换接降压启动、自耦变压器降压启动、定子绕组串电阻降压启动,三相绕线型转子异步电机则采用转子串电阻的启动方式。本节仅介绍前两种启动方法。

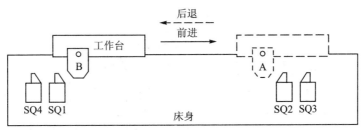

(a) 机床工作台自动往复运动示意图

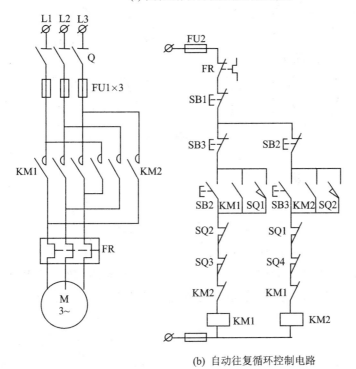

(b) 自动往复循环控制电路

图 3-41 自动往复循环控制

1. Y-△降压启动控制电路

对电路的要求：启动时定子绕组接成 Y 形，启动结束后，定子绕组换接成△。其电路如图 3-42 所示，左边部分为主回路，右边部分为控制回路。

1) 主回路

由图可知，当刀开关 Q 合上后，当

① KM1、KM3 的常开触头同时闭合时，电动机的定子绕组接成 Y 形；

② KM1、KM2 的动合触头同时闭合时，电动机的定子绕组接成△；

如果 KM2 和 KM3 同时闭合，则电源短路。因此，主回路对控制回路的要求是：启动时控制接触器 KM1 和 KM3 得电，启动结束时，KM3 断电，KM2 得电，在任何时候不能使 KM2 和 KM3 同时得电。

2) 控制回路

① 当操作者按下启动按钮 SB2 时，KM1 得电自锁，同时 KM3、KT 得电，KM1 和 KM3 的常开触头闭合，电动机接成 Y 形开始启动。

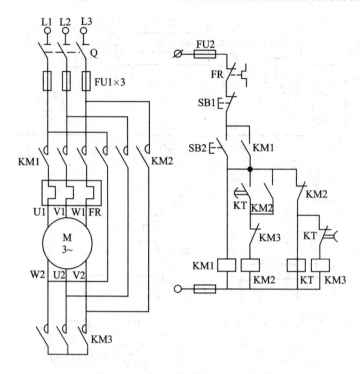

图 3-42　Y-△换接降压启动电路

② 启动一段时间后，KT 的延时时间到，其延时断开常闭触头断开，使 KM3 失电，KM3 的常开触头断开，同时，KT 的延时闭合常开触头使 KM2 得电，KM2 的常开触头闭合，KM2 线圈自锁。由于此时 KM1 继续得电，故电动机的定子绕组换接成△继续运行。

3) 保护环节

FA1 和 FA2 分别实现主回路和控制回路的短路保护，FR 实现电机过载保护，按钮与接触器配合实现零压(欠压)保护，控制回路的 KM2、KM3 线圈支路中互串对方的常闭辅助触头达到互锁保护的目的。

4) 特　点

启动过程是按时间来控制的，时间长短可由时间继电器的延时时间来控制。在控制领域中，常把用时间来控制某一过程的方法称为时间原则控制。

2. 自耦变压器降压启动控制电路

对电路的要求：自耦变压器的一次侧接在电网上，电机启动时定子绕组接在自耦变压器的二次侧上，从而实现降压启动。待启动结束后，再将电机定子绕组接在电网上以额定电压运行，其电路如图 3-43 所示。

1) 主回路

由图可知，当断路器 QF 合上后，当

① KM1、KM2 的常开触头同时闭合时，电机接自耦变压器二次侧电压降压启动；

② KM1、KM2 的常开触头断开，KM3 的常开触头闭合时，电机以额定电压正常运行。

如果 KM2 和 KM3 常开触头同时闭合，则电源短路。

因此，主回路对控制回路的要求是：启动时控制接触器 KM1 和 KM2 得电，启动结束时，

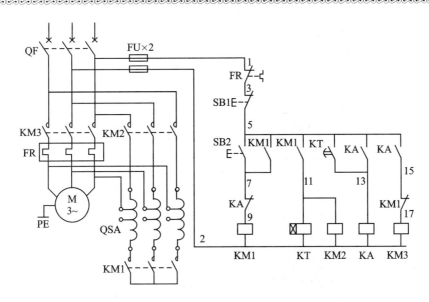

图 3-43 自耦变压器降压启动电路

KM1、KM2 断电,KM3 得电,在任何时候不能使 KM2 和 KM3 同时得电。

2) 控制回路

① 当操作者按下启动按钮 SB2 时,KM1 得电自锁,同时 KM2、KT 得电,KM1 和 KM2 的常开触头闭合,电机开始降压启动。

② 启动一段时间后,KT 的延时时间到,其延时闭合常开触头使 KA 得电并自锁,KA 常闭触头断开,使 KM1 线圈断电,KA 常开触头闭合,使 KM3 线圈得电,电机以额定电压继续运行。

3) 保护环节

QF 实现电机短路保护和欠压失压保护,FR 实现电机过载保护,FA 实现控制回路短路保护,控制回路的 KA 常闭触头和 KM3 常闭辅助触头实现互锁保护。

4) 特 点

本电路仍然采用时间原则。

四、三相异步电机的制动控制

生产机械往往要求电机能迅速停车,但电机由于机械惯性的原因,从切除电源到完全停止,要经过一定时间,不能满足准停的要求,因此,要对电机进行制动控制。常用的电气制动有反接制动、能耗制动、反馈制动等,本节介绍常用的反接制动和能耗制动。

1. 电机单向运行反接制动

三相异步电机的电源任意对调其中的两相,会产生相反方向的磁场,从而产生制动转矩。电机反接制动时,制动电流大,一般适用于 10 kW 以下小容量电机。为减小制动电流,通常在电机定子回路中串入反接制动电阻。另外,当电机转速接近零时,为防止电机反向运行,要及时切断反接电源,其电路如图 3-44 所示。

1) 主回路

由图可知,当刀开关 Q 合上后,

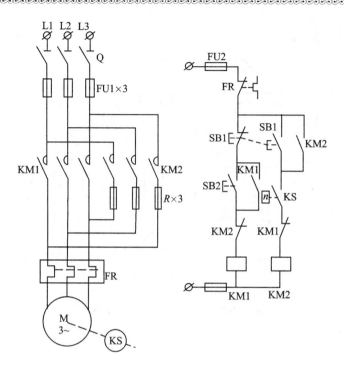

图 3-44 电机单向运行反接制动电路

① KM1 常开触头闭合,电机全压启动;
② KM2 的常开触头闭合,电机串电阻反接制动;
③ 速度继电器 KS 检测电机转速并控制电机反相电源的断开。

因此,主回路对控制回路的要求是:启动时,控制接触器 KM1 得电;制动时,KM1 断电,KM2 得电,电机反接制动,当转速较低时,反相电源自动切断。

2) 控制回路

① 当操作者按下启动按钮 SB2 时,KM1 得电自锁,电机开始单向运行,当转速达到 KS 设定的吸合值时,KS 常开触头闭合。

② 当按下停止按钮 SB1 时,其常闭触头首先断开,KM1 线圈断电,然后 SB1 常开触头闭合,KM2 线圈得电并自锁,电机开始反接制动,随着转速的下降,当转速下降至 KS 设定的释放值时,KS 常开触头断开,切断反相电源,电机自然停车。

3) 保护环节

FA1 和 FA2 分别实现主回路和控制回路的短路保护,FR 实现电机过载保护,按钮与接触器配合实现零压(欠压)保护,控制回路的 KM1、KM2 线圈支路中互串对方的常闭辅助触头达到互锁保护的目的。

4) 特　点

电机的制动过程是以速度为参考依据来控制的,通过对速度继电器释放值的设定来控制制动过程的长短。在控制领域中,常把用速度来控制某一过程的方法称为速度原则控制。

2. 电机单向运行能耗制动

能耗制动是切断电机三相交流电源后,向定子绕组通入直流电,建立静止磁场,利用感应原理使转子产生制动转矩,达到迅速停车的目的,其电路如图 3-45 所示。

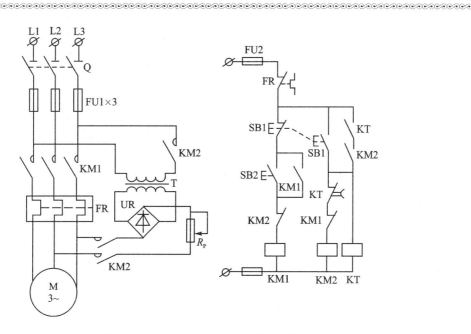

图 3-45 电机单向运行能耗制动电路

1) 主回路

由图可知,当刀开关 Q 合上后,

① KM1 的常开触头闭合,电机全压启动;

② KM2 的常开触头闭合,电机在静止磁场作用下制动。

因此,主回路对控制回路的要求是:启动时,控制接触器 KM1 得电;制动时,KM1 断电,KM2 得电,电机能耗制动;当制动时间到,切断直流电源。

2) 控制回路

① 当操作者按下启动按钮 SB2 时,KM1 得电自锁,电机开始全压启动。

② 当按下停止按钮 SB1 时,其常闭触头首先断开,KM1 线圈断电,然后 SB1 常开触头闭合,KM2 线圈得电并自锁,同时 KT 线圈得电,电机开始在静止磁场作用下能耗制动;当 KT 延时时间到,其延时断开常闭触头断开,KM2 线圈断电,KT 线圈随之断电,能耗制动结束。

3) 保护环节

FA1 和 FA2 分别实现主回路和控制回路的短路保护,FR 实现电机过载保护,按钮与接触器配合实现零压(欠压)保护,控制回路的 KM1、KM2 线圈支路中互串对方的常闭辅助触头达到互锁保护的目的。

4) 特 点

本电路仍然采用时间原则。

模块三 数控机床的PLC控制

一、可编程序控制器简介

可编程控制器(programmbable controller),简称 PC,因早期主要应用于开关量的逻辑控制,因此也称为 PLC(programmable logic controller),即可编程逻辑控制器。为不和个人计算机(PC)相混淆,将可编程控制器简称为 PLC。现代的可编程控制器是以微处理器为基础的、高度集成化的新型工业控制装置,是计算机技术与工业控制技术相结合的产品。

1. 可编程控制器的产生及定义

以往顺序型的生产过程控制主要由继电器组成。在一个复杂的控制系统中,可能要使用成千上万个继电器,如果控制工艺及要求发生变化,就必须改变继电器的硬件接线,改造工程巨大,不适应市场的激烈竞争。1968 年美国通用汽车公司(GM)公开招标研制新的工业控制器,并提出以下 10 条指标:

① 编程方便,可现场修改程序。
② 维修方便,可采用插件结构。
③ 可靠性高于继电器控制装置。
④ 体积小于继电器控制装置。
⑤ 数据可直接送入管理计算机。
⑥ 成本可与继电器控制装置竞争。
⑦ 输入为市电。
⑧ 输出为市电,容量在 2 A 以上,可直接驱动电磁阀、接触器等。
⑨ 扩展时原系统改变最少。
⑩ 用户存储器大于 4 KB。

1969 年美国数字设备公司(DEC)研制出世界第一台可编程控制器,并在 GM 公司的生产线上使用成功。

从此,可编程控制器迅速发展起来。1971 年,日本开始生产可编程控制器。1973 年,西欧也研制出第一台可编程控制器。我国从 1974 年开始研制,1977 年开始工业应用。

1987 年 2 月,国际电工委员会颁布了可编程控制器标准草案的第三稿。该草案对可编程控制器的定义是:可编程控制器是一种进行数字运算的电子系统,是专为在工业环境下的应用而设计的工业控制器。它采用了可编程序的存储器,用来在其内部存储执行内部运算、顺序控制、定时、计数和算术运算等操作的指令,并通过数字式或模拟式的输入和输出,控制各种类型机械的生产过程。可编程控制器及其有关外围设备,都按易于与工业系统连成一个整体、易于扩充其功能的原则设计。

定义强调了可编程控制器是进行数字运算的电子系统,能直接应用于工业环境下的计算机;是以微处理器为基础,结合计算机技术、自动控制和通信技术,用面向控制过程、面向用户的"自然语言"编程;是一种简单易懂、操作方便、可靠性高的新一代通用工业控制装置。

2. 可编程控制器的分类及特点

1) 按结构形式分类

从组织结构形式上 PLC 分为整体式和模块式两类。

① 整体式结构。它的特点是将 PLC 的基本部件(如 CPU 中央处理器、I/O 接口、电源等)都集成在一个机壳内,构成一个整体。整体式结构的 PLC 体积小,成本低,安装方便。OMRON 公司的 C20P,C40P,C60P;三菱公司的 F1 系列;西门子公司的 S7 - 200 系列等都属于这种结构。

② 模块式结构。这种结构在功能结构上是相互独立的,可根据具体的要求,选择合适的

模块,安装在固定的机架或导轨上,构成一个相互完整的 PLC 应用系统。OMRON 公司的 C200H,C1000H,C2000H;西门子公司的 S7-300,S7-400 等都属于这种结构。

2) 按 I/O 点数和内存容量分类

① 超小型 PLC。I/O 点数小于 64 点,内存容量在 256 B~1 KB。

② 小型 PLC。I/O 点数在 65~128 点,内存容量在 1~3.6 KB。

小型和超小型 PLC 结构上一般是整体式的,主要用于中等容量的开关量控制,具有逻辑运算、定时、计数、顺控、通信等功能。

③ 中型 PLC。I/O 点数在 129~512 点,内存容量在 3.6~13 KB。

中型 PLC 增加了数据处理能力适用于小规模的综合控制系统。

④ 大型 PLC。I/O 点数在 513~896 点,内存容量在 13 KB 以上。

⑤ 超大型 PLC。I/O 点数在 896 点以上,内存容量在 13 KB 以上。

大型和超大型 PLC 增强了编程终端的处理能力和通信能力,适用于大型分散控制系统。

3. 可编程控制器的特点

1) 可靠性高,抗干扰能力强

PLC 生产厂家在硬件和软件上采取了一系列的抗干扰措施,如硬件上采用隔离和滤波;软件上设置故障检测与诊断程序,使 PLC 稳定而可靠的工作,平均故障间隔时间达几十万小时。

2) 适应性强,应用灵活

PLC 产品品种齐全,多数采用模块式结构,组合及扩展方便,可满足不同控制系统的要求。

3) 编程简单,使用方便

PLC 采用继电器控制形式的梯形图编程,直观易懂,便于电气技术人员的掌握。

4) 设计、安装、调试方便

PLC 中含有大量的相当于中间继电器、时间继电器、计数器等的"软元件",又用程序代替硬接线,安装接线工作量少。而 PLC 的用户程序大部分可以在实验室进行模拟调试,因此,调试非常方便。

5) 维修方便

PLC 有完善的自我诊断、履历情报存储及监视功能,维修人员可以根据其内部工作状态、通信状态、异常状态和 I/O 状态的显示,迅速查明故障,及时处理。

6) 功能完善

现代 PLC 不仅具有逻辑运算、定时、计数、顺序控制等功能,而且还具有 A/D、D/A 转换、数值运算、数据处理和过程控制等功能。

4. 可编程控制器的应用范围

1) 开关量的逻辑控制

这是 PLC 最基本、最广泛的应用领域,它取代传统的继电器控制系统,实现逻辑控制、顺序控制,可用于单机控制、多机群控、自动化生产线的控制等。

2) 位置控制

PLC 制造商目前已提供了拖动步进电机或伺服电机的单轴或多轴位置控制模块,使运动控制更方便。

3）过程控制

过程控制是指对温度、压力、流量等连续变化的模拟量的闭环控制。PLC 模拟量 I/O 模块，实现模拟量与数字量之间的 A/D、D/A 转换，并对模拟量进行闭环 PID 控制。

4）数据处理

现代的 PLC 具有数学运算、数据传递、转换、排序和查表、位操作等功能，也能完成数据的采集、分析和处理。

5）通信联网

PLC 的通信包括 PLC 相互之间、PLC 与上位计算机及 PLC 和其他智能设备之间的通信。PLC 系统与通用计算机可以直接或通过通信处理单元、通信转换器相连接构成网络，以实现信息的交换，并可构成"集中管理、分散控制"的分布式控制系统。

5. 现代可编程控制器的发展趋势

现代 PLC 的发展有两个趋势：一是向体积更小、速度更快、功能更强、价格更低的微小型 PLC 方向发展；二是向大型网络化、高可靠性、好的兼容性、多功能方向发展。

1）大型网络化

主要是朝 DCS"集散控制"方向发展，使其具有 DCS 系统的一些功能。网络化和强化通信能力是 PLC 发展的一个重要方向，向下将多个 PLC，多个 I/O 框架相连；向上与工业计算机、以太网等相连构成整个工厂的自动化控制系统。

2）多功能

为了适应各种多特殊功能的需要，各个公司陆续推出了多种智能模块。主要有模拟量 I/O、PID 回路控制、通信控制、机械运动控制、高速计数、中断输入等，使过程控制的功能和实时性大为增强。

3）高可靠性

由于控制系统的可靠性日益受到重视，一些公司已将自诊断技术、冗余技术、容错技术广泛地应用到现有产品中，推出高可靠性的冗余系统，并采用热设备或并行工作、多数表决的工作方式。

4）好的兼容性

现代 PLC 已不再是单个的、独立的控制装置，而是整个系统中的一部分或一个环节。好的兼容性是 PLC 深层次应用的主要保证。

5）小型化、成本低、简单易用

随着应用范围的扩大和用户投资规模的不同，小型化、低成本、简单易用的 PLC 将广泛应用于各行各业，小型 PLC 由整体结构向小型模块化结构发展，增加了配置的灵活性。

6）编程语言向高层次发展

编程语言向高级语言方向发展，便于使用。

二、可编程控制器的组成及工作原理

1. 可编程控制器的基本组成

PLC 是微机技术和继电器常规控制概念相结合的产物，是一种以微处理器为核心的用做控制的计算机，因此它的组成部分与一般微机装置类似。主要由中央处理单元、输入接口、输出接口、存储器、电源、通信接口等部分组成。

2. 可编程控制器各组成部分的作用

1) 中央处理单元 CPU

与一般计算机一样，CPU 是 PLC 的核心，它按 PLC 中系统程序赋予的功能指挥 PLC 进行工作。主要任务有：接收和存储从编程器键入的用户程序和数据；通过 I/O 部件接收现场的状态或数据，并存入输入映像存储器或数据存储器；诊断 PLC 内部电路的故障和编程中的语法错误；逐条读取用户指令，并按指令规定的任务进行数据传达、逻辑或算术运算等；根据运算结果，更新有关标志的状态或输出映像存储器的内容，再经输出部件实现输出控制。

2) 存储器

系统程序完成系统诊断、命令解释、功能子程序调用管理、逻辑运算、通信和各种参数设定等功能。系统程序在 PLC 使用过程中是不变的，由生产厂家固化在 PROM 存储器中。

用户程序是指用户根据工程现场的生产过程和工艺要求而编写的应用程序，一般存放于带有后备电池的 CMOS 静态 RAM、EPROM 或 EEPROM 中。

工作数据是 PLC 运行过程中需要经常存取、并且会随时改变的一些中间数据，为了适应随机存取的要求，数据一般存放在 RAM 中。

可见，PLC 所用存储器基本上由 PROM、EPROM 和 RAM 等组成。存储器总容量的大小随 PLC 类别或规模的不同而改变。

3) 输入/输出接口

输入/输出接口是 PLC 与外部设备之间的桥梁。输入接口用来接收和采集外部现场信号，并转换成标准的逻辑电平；输出接口与执行元件相连，将 PLC 内部信号转换成外部执行元件所要求的信号。根据信号性质分为数字量 I/O 模块和模拟量 I/O 模块。

4) 编程器

编程器是用来开发、调试监控应用程序的特殊工具，可以是专用设备，也可以是配有专用编程软件包的通用计算机系统，通过通信接口与 PLC 相连。

5) 电　源

PLC 配有开关式稳压电源，将外部提供的交流电转换为 PLC 内部所需的直流电，有的还提供 DC24 V 输出。电源单元一般有三路供给 CPU 使用，另一路供给编程器接口使用，还有一路供给各种接口模板使用。

6) 扩展接口

扩展接口用于扩展单元与基本单元的链接，使 PLC 的配置更加灵活。

7) 智能 I/O 接口

智能接口模块是一个独立的计算机系统，它有自己的 CPU、存储器、系统程序，能独立完成某种专用功能。

3. 可编程控制器的工作原理

1) PLC 的工作方式和运行框图

PLC 的工作方式是一个不断循环的顺序扫描工作方式。CPU 从第一条指令开始，按顺序逐条地执行用户程序直到用户程序结束，然后返回第一条指令开始新的一轮扫描。PLC 就是这样周而复始地重复上述的扫描循环。除执行用户程序外，在每次扫描过程中还要完成输入、输出处理工作。扫描一次所用的时间称为扫描周期或工作周期。

PLC 工作的全过程可用图 3-46 所示的运行框图来表示。整个运行可分为三部分：

① 上电处理：机器上电后对 PLC 系统进行一次初始化工作，包括硬件初始化，I/O 模块配置检查、停电保持范围设定及它初始化处理等。

② 扫描过程：PLC 上电处理完成以后进入扫描工作过程。先完成输入处理，其次完成与其他外设的通信处理，在进行时钟特殊寄存器更新。当 CPU 处于 STOP 方式时，转入执行自诊断检查。当 CPU 处于 RUN 方式时，还要完成用户程序的执行和输出处理，再转入执行自诊断检查。

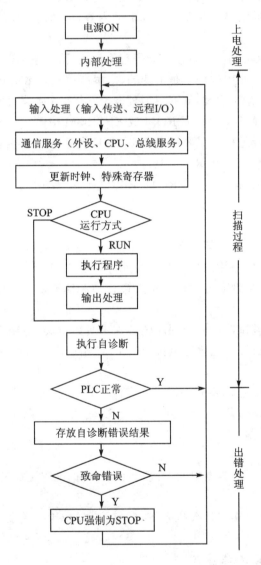

图 3-46　PLC 工作过程

③ 出错处理：PLC 每扫描一次，执行一次自诊断检查，确定 PLC 自身动作是否正常。如检查出异常时，CPU 面板上的 LED 及异常继电器会接通，在特殊寄存器中会存入出错代码。当出现致命错误时，CPU 被强制为 STOP 方式，停止所有扫描。

扫描周期与用户程序的长短和扫描速度有关，典型值为 1～100 ms。

2) PLC 的扫描工作过程

当 PLC 处于正常运行时,不断地重复扫描过程。如果对远程 I/O 特殊模块和其他通信服务暂不考虑,扫描过程只剩下"输入采样"、"程序执行"、"输出刷新"三个阶段。图 3-47 为 PLC 的扫描工作过程。

① 输入采样阶段:CPU 扫描输入模板,并将各输入状态存入内存中各对应的输入映像区的寄存器中,此时,输入映像寄存器被刷新。

② 程序执行阶段:根据 PLC 梯形图程序扫描原则,CPU 按先左后右、先上后下的步序逐句扫描。当涉及输入、输出状态时,可在输入映像区中提取有关现场信息,在输出映像区中提取历史信息,并把处理结果存入输出映像区。

③ 输出刷新阶段:在用户程序执行完后,CPU 将输出映像区中要输出的状态传送到输出数据寄存器,然后再通过输出模板的转换去控制现场的有关执行元件。

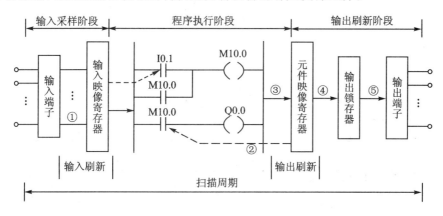

图 3-47 PLC 的扫描过程

4. 可编程控制器的编程语言

PLC 提供的编程语言通常有三种:梯形图、语句表和功能图。

1) 梯形图编程

梯形图是由电路节点和软继电器线圈按一定的逻辑关系构成的梯形网络。每个梯形网络是由多个梯级组成,每个输出元素构成一个梯级,每个梯级可由多个支路组成。PLC 的梯形图从上至下按形绘制,如图 3-48 所示。

图中竖线类似继电器电路的电源线称做母线。每一行从左至右,左侧总是安排输入触电,并把并联触点多的支路靠近最左端,输出元素在最右端,每个编程元素应按一定的规则加标字母和数字串。梯形图中流过的电流是"概念"电流,是满足输出执行条件的形象表示方式。

2) 语句表程序

语句表达也称指令表。每一个语句包括语句序号、操作码(指令助记符)和数据。

3) 功能图编程

顺序功能流程图(功能图)编程是用功能图来表达一个顺序控制过程。图 3-49 所示为钻孔的顺序功能流程图的例子。方框中的数字代表数字步,每一步对应一个控制任务,每个顺序步的步进条件以及执行的功能写在方框的右边。

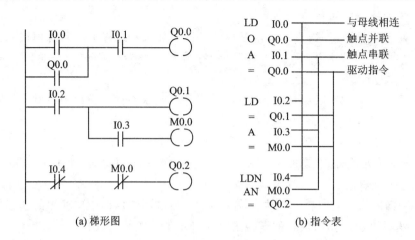

(a) 梯形图　　　　　　　　　(b) 指令表

图 3-48　PLC 编程举例

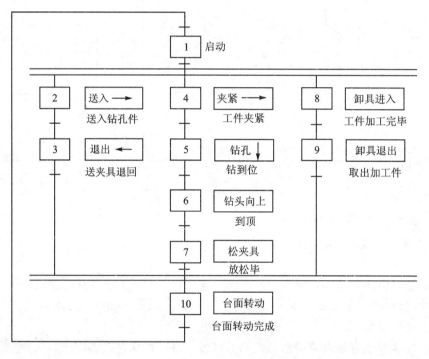

图 3-49　钻孔顺序的状态流程图

5. 数控机床的 PLC

1) 数控机床的 PLC 的控制对象

数控机床的控制可分为两大部分:一部分是坐标运动的位置控制,另一部分是数控机床加工过程中的顺序控制。在分析 PLC、CNC 和机床的各部分信号之间的关系时,常把数控机床分为"CNC 侧"和"MT 侧"(即机床侧)两大部分。"CNC 侧"包括 CNC 系统的硬件和软件以及与 CNC 系统连接的外围设备。"MT 侧"包括机械部分、辅助装置、机床操作面板、机床强电线路等。PLC 处于 CNC 和 MT 之间,对 CNC 和 MT 侧的输入、输出信号进行处理。

① CNC 到 MT(机床侧):CNC 的输出数据经 PLC 逻辑处理,通过 I/O 接口送至 MT 侧。

CNC 到机床的信号主要是 M、S、T 等功能代码。

S 功能的处理:在 PLC 中可用 4 位代码直接指定转速。

T 功能的处理:数控机床通过 PLC 管理刀库,进行自动换刀。

M 功能的处理:M 功能室辅助功能,根据不同的 M 代码,PLC 可控制主轴的正、反转和停止,主轴齿轮箱的换挡变速,主轴准停,切削液的开关,卡盘的夹紧、松开,机械手的取刀、归刀等。

② MT 到 CNC:从机床侧输入的开关量经 PLC 逻辑处理传送到 CNC 装置中。机床侧传递给 PLC 的信号是机床操作面板上各开关、按钮等信息。

2) 数控机床 PLC 的形式

数控机床所用 PLC 分为两大类:一类是专为数控机床应用而设计制造的内装式 PLC;另一类是那些 I/O 接口技术规范、I/O 点数、程序存储容量以及运算和控制功能等均匀满足数控机床控制要求的独立型 PLC。

① 内装式 PLC:内装式 PLC 从属于 CNC 装置,PLC 与 CNC 的信号传递在 CNC 装置内部即可实现,PLC 与 MT 侧则通过 CNC I/O 接口电路实现信号传送。

内装式 PLC 实际上是 CNC 装置带有 PLC 功能,其性能指标是根据所从属的 CNC 系统的规格、性能、适用机床的类型等确定,因此系统硬件和软件整体结构十分紧凑;内装型 PLC 可与 CNC 共用 CPU,也可单独使用 CPU,不单独配备 I/O 接口,而使用 CNC 系统本身的 I/O 接口;采用内装式 PLC 结构,CNC 系统可以具有某些高级控制功能,如梯形图编辑和传送功能等。

目前,世界上著名的 CNC 厂家生产的 CNC 系统,大多开发了内装式 PLC 功能。

② 独立型 PLC:又称通用型。PLC 独立型 PLC 独立于 CNC 装置,具有完备的硬件和软件功能,能独立成规定的控制任务。

独立型 PLC 大多采用模块化结构,I/O 点数可以通过 I/O 模块的增减而灵活配置。

生产通用型 PLC 的厂家很多,较常见的有 SIEMENS 公司 SIMATIC S5、S7 系列,日本立石公司 OMROM SYSMACA 系列,FANUC 公司 PMC 系列,三菱公司 FX 系列等。

任务四　数控机床调试与维修

模块一　数控机床机械结构概述

一、数控机床机械结构的组成

数控机床的机械结构不是一层不变的,而是一个不断发展、改进、与时俱进的。早期的数控机床主要是对普通机床增加数控系统,并对其进行数控化改造。美国帕森斯公司于1952年与麻省理工学院合作研制了世界上第一台数控机床——三坐标立式数控铣床,其机械进给系统所执行的功能由三个直流伺服系统完成。因而,早期的数控机床在其结构、形状上与普通机床并无太大差别。目前数控机床的结构、外形多是在普通机床的结构、外形的基础上经演变、改良而来。

近几十年来,由于计算机集成制造、经典控制理论到现代控制理论、信息处理、传感检测技术、微电子技术等的发展,新工艺、新材料、新技术的应用,数控机床的机械结构已从初期对普通机床局部结构的改进,逐步发展到形成数控机床的独特机械结构。

1. 数控机床机械结构的基本组成

① 主传动系统的功能是实现数控机床的主运动,如车床主轴工件的旋转,铣床主轴刀具的旋转。

② 进给传动系统的功能是实现进给运动。

③ 机床的基础件,又称机床大件,譬如床身、立柱、工作台、横梁、滑座等。

④ 实现某些部件动作和辅助功能的系统或装置,如液压、气动、冷却、防护、监控、反馈等系统或装置。

⑤ 刀架(加工中心有刀库)或自动换刀装置。

⑥ 工作台自动交换装置。

⑦ 实现主轴或工件回转和定位的装置,如万能铣床主轴回转定位装置、回转工作台。

⑧ 特殊功能装置,如刀具磨损检测、速度位移等检测反馈装置。

2. 数控机床的机械结构对功能和性能的影响

普通机床在整个加工过程中需要操作人员全程参与,纯手工控制工件形状,劳动强度大,对操作人员技术水平及操作熟练程度要求高;而数控机床是按照用户编写的加工程序自动加工,加工速度快、效率高,对操作人员的技术水平及操作熟练程度依赖性小,这就使它对机械结构有其自身特殊的要求。数控机床不但要求加工精度高、加工效率高、加工质量高、运行稳定性好,而且还要求一次装夹,多工序同时加工,机床功能丰富,这就要求数控机床的机械结构不但刚度好,因初加工时吃刀量大、受力大,而且抗振性好,只有这样才能提高精度,还要减少机床发热,提高散热能力,从结构设计上减小机床的热变形。数控机床要充分满足工序集中和功能丰富的要求。工序集中是指一次装夹,完成多道工序的加工,从而消除多次装夹产生的重复定位误差,提高加工效率、加工精度。功能丰富是指工件的自动装夹、自动对刀、工件自动检测、刀具磨损监控及补偿等功能。

由此可见,数控机床的功能和性能要求其机械结构改进,伴随着微电子技术和计算机技术的发展,其机械结构也应与时俱进,逐渐形成数控机床自身独特的机械结构和部件(或组件)。

二、数控机床对机械结构的要求

1. 高的静、动刚度

机床的刚度是指机床本体或零件在加工切削力或其他力的作用下,抵抗各种变形的能力。机床在静态力(例如重力)作用下所体现出来的刚度叫机床的静刚度;机床在各种动态力(如离心力、摩擦力、液压力等)作用下所体现出的刚度叫机床的动刚度。

2. 高抗振动性

机床运行时会产生振动,如强迫振动、自激振动,只是表现出来的振动强弱不同,机床的抗振性就是指机床抵抗上述振动的能力。

3. 高灵敏性

数控机床与普通机床相比,其对零件的加工精度高,购买成本高,所以其组件、部件或零件应具有高的灵敏度。要实现这个目标,可以从以下三个方面来解决。

机床零件选用刚性好,弹性变形小,耐摩擦、耐磨损的材料。

机床传动及布局采用优良的结构,如采用滚珠丝杠螺母副,采用摩擦阻力小、运行平稳的导轨副,如静压导轨、滚动导轨、贴塑导轨等。

采用优良的驱动部件,如交流伺服电机、直流伺服电机或直线电机,并配合传动效率高、间隙小的高精密传动部件。

采用软件程序补偿零部件变形、温度影响及间隙,通过实验测出不同位置的理论值与实际值的差距,输入补偿表格的里面。

在保证精度的情况下尽量减少传递环节,从而提高灵敏度。

4. 热变形小

机床的运动部件如轴承、工作台、刀架等,在运动中通常容易产生热量。各种金属和非金属材料都有热膨胀的特性,提高运动部件的精度,就要减少各零部件的发热量。提高各零、部件的散热能力,将易发热元件尽量安排在机床之外,采用对称的热传导结构。

5. 高精度

数控机床是高精密设备,采用了新材料,如采用抗振、耐磨材料;采用了新技术,如旋压加工、特种加工等;采用了新工艺,如淬火和磨削导轨、粘贴耐磨塑料导轨等,从而保证了机床的高精度。

6. 运行稳定性

数控机床应良好固定,运行平衡,平均无故障工作时间长,具有良好的可靠性,并能长期维持高精度。除了电控系统、驱动部件、传感元件还应包括主轴、进给传动等机械部分。

模块二 数控机床变频器系统参数的设置

本书任务四、任务五中内容如无特别说明均是以西门子 802C 数控铣床为例讲解。

一、CNC 的参数设置

首先看一下机床普通参数表(见表 4-1)、主轴相关参数表(见表 4-2)及变频器参数表(见表 4-3)。

表 4-1 机床的普通参数

参数号	参数值	说明
MD20700	0	系统开机调试时,这个参数设为 0
MD27800	0	控制通道铣床为 0
MD14510[12]	15	
MD14510[13]	15	
MD14510[16]	1	铣床为 1
MD14510[17]	1	1 表示伺服驱动
MD14510[26]	25	X+点动按键号
MD14510[27]	27	X-点动按键号
MD14510[28]	28	Y+点动按键号
MD14510[29]	24	Y-点动按键号
MD14510[30]	23	Z+点动按键号
MD14510[31]	29	Z-点动按键号
MD14512[0]	11111111	X100 接口输入有效
MD14512[1]	11111111	X101 接口输入有效
MD14512[2]	10000000	X100 接口定义输入位为常闭连接
MD14512[3]	00000000	X101 接口定义输入位为常闭连接
MD14512[4]	11111111	X200 接口输出有效
MD14512[5]	00001111	定义有效输出位 X201
MD14512[6]	00000000	X200 接口定义输出为低电平有效
MD14512[7]	00000000	X201 接口定义输出为低电平有效
MD14512[11]	00001001	冷却有效和主轴有效
MD14512[12]	00001100	开机进给倍率设置和开机主轴倍率设置
MD14512[16]	00001100	单极性模拟主轴和配备倍率开关
MD14512[17]	00000000	
MD14512[18]	00000000	

表 4-2 主轴相关参数

参数号	参数值	说　明
MD30130[SP]	1	模拟量输出
MD30200[SP]	0	0 为无编码器,设为 1 时就是有编码器
MD30240[SP]	0	编码器反馈
MD32260[SP]	1 450	电机额定转速
MD32020[SP]	500	手动转速
MD32000[SP]	27.777 778	最大轴速度
MD36200	1 550	最大监控速度
MD32010[SP]	27.777 778	JOG 快速速度

表 4-3 变频器参数

参数号	参数值	说　明
SN02	15	V/F 曲线
SN03	1	设定参数有效
SN04	1	运转指令
SN05	1	运转指令
CN01	380	输入电压
CN02	100	最大输入频率
CN03	380	最大电压
CN04	50	最大电压时的输出频率
CN09	9	电动机额定电流
BN02	3	减速时间

图 4-1 所示为主轴变频系统元件布置图。

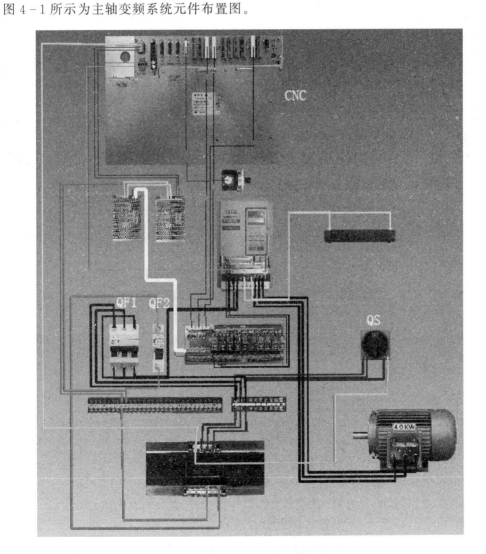

图 4-1　主轴变频系统元件布置图

设置参数前,首先打开各开关元件,如图 4-1 所示的 QS 总开关、QF1 和 QF2 空气开关。然后可看到如图 4-2 所示的 CNC 操作面板。

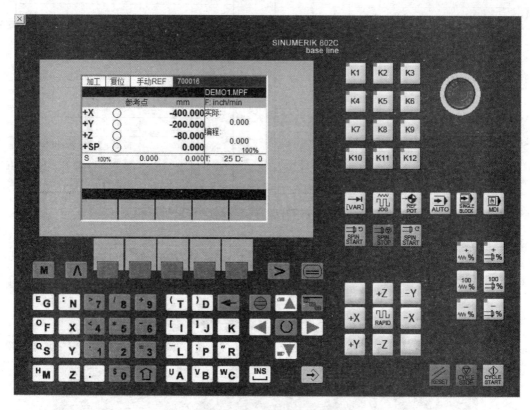

图 4-2 CNC 操作面板

1. CNC 的参数 "其他数据" 的设置

先按 ▤ 按钮,操作面板显示屏下方变为图 4-3 所示。

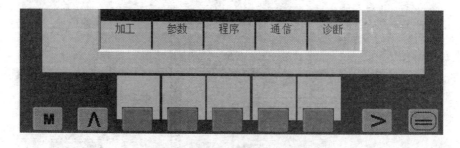

图 4-3 操作面板参数设置状态 1

再按"诊断"按钮下方的蓝色小方块,操作面板显示屏如图 4-4 所示。

再按"机床数据"按钮下面的蓝色小方块,操作面板显示屏如图 4-5 所示。

再按"其他数据"按钮下方的蓝色小方块,操作面板显示屏如图 4-6 所示。

将参数"20700"按表 4-1 设置为 0,若数控机床连接了计算机键盘,则可用计算机键盘上的"Page Down"向下翻页,快速找到参数"27800",否则按下操作面板上的翻页键 ⇧,再按向

下箭头 ,即可向下翻页,快速找到图 4-7 所示的参数"27800"。

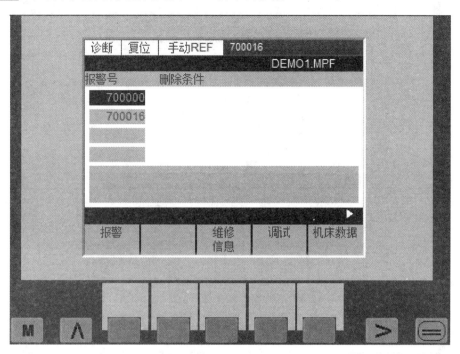

图 4-4 操作面板参数设置状态 2

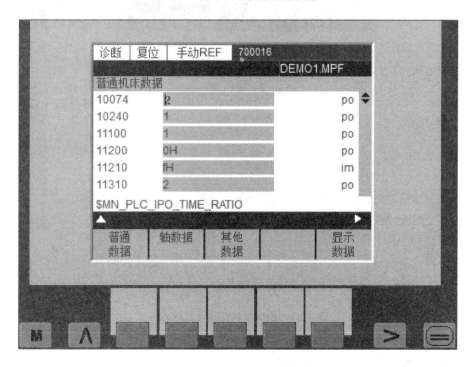

图 4-5 操作面板参数设置状态 3

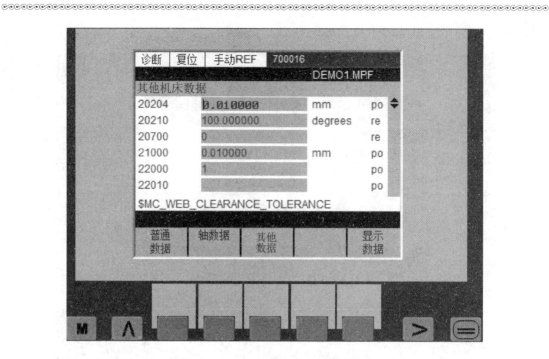

图 4-6 操作面板参数设置状态 4

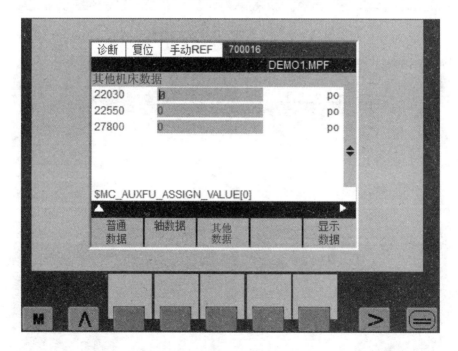

图 4-7 操作面板参数设置状态 5

按表 4-1 将参数"27800"设置成 0。

2. CNC 参数"普通数据"的设置

接下来按"普通数据"下面的蓝色小方块,操作面板显示屏如图 4-5 所示,翻页找到参数"14510",注意下标也要相同,如图 4-8 所示。

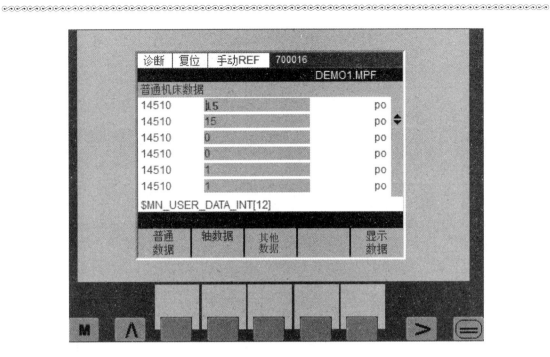

图 4-8 操作面板参数设置状态 6

同上方法,按表 4-1 的数据将所有普通数据栏参数设置完毕。

3. CNC 的参数"轴数据"的设置

接下来按"轴数据"下方的蓝色方块,操作面板显示屏如图 4-9 所示。

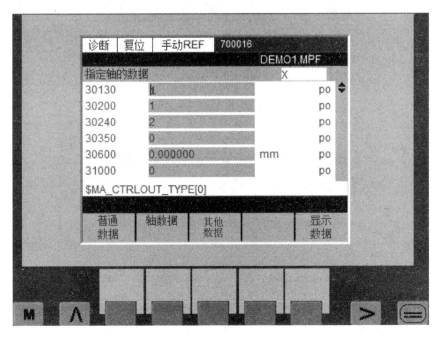

图 4-9 操作面板参数设置状态 7

按下向右按钮 >,操作面板显示屏如图 4-10 所示。

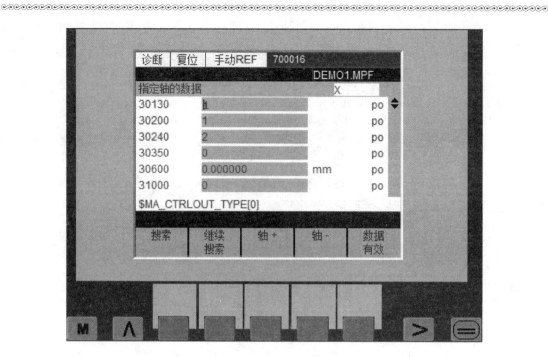

图 4-10　操作面板参数设置状态 8

接下来按"轴+"下面的蓝色小方块,从 Y、Z 轴切换到 SP 主轴,如图 4-11 所示。

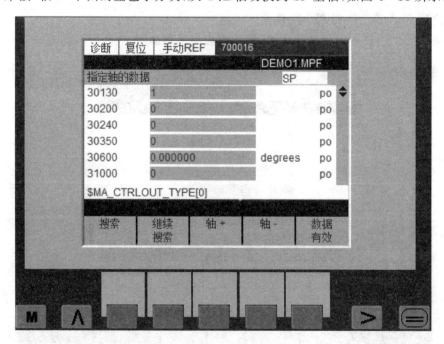

图 4-11　操作面板参数设置状态 9

按表 4-2 的数据在当前状态下将主轴参数设置完毕。在图 4-3 所示状态下按"参数"下面的蓝色方块,操作面板显示屏如图 4-12 所示。

再按"设定数据"下面的蓝色方块,操作面板显示屏如图 4-13 所示。

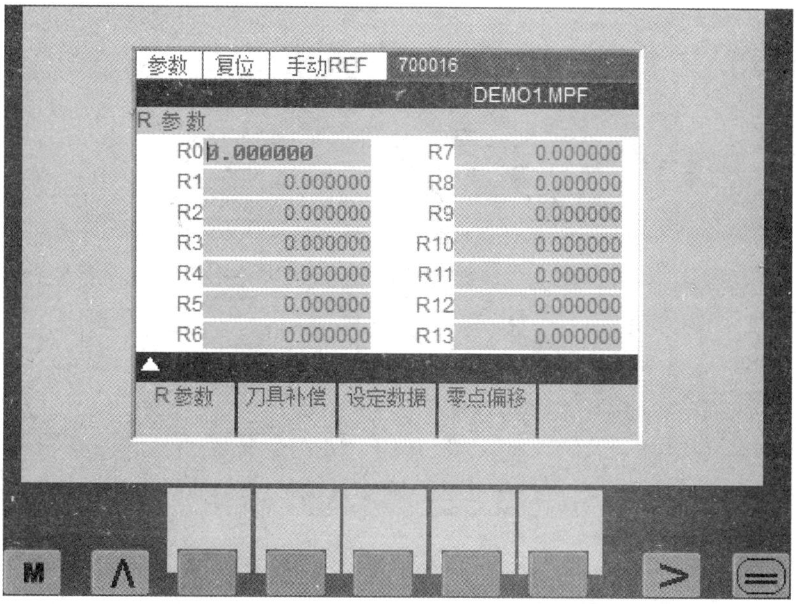

任务四 数控机床调试与维修

图 4-12 操作面板参数设置状态 10

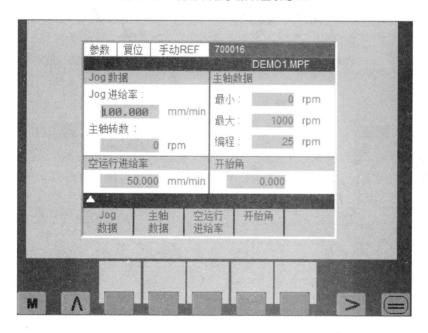

图 4-13 操作面板参数设置状态 11

从图中可知,当前光标在"Jog 进给率",按下向下按钮 ▼ ,光标转到"主轴转数",输入"500",即将手动主轴转数设定为 500 r/min。再按下按钮 M 保存所设定的参数。

二、变频器参数的设置

本例中变频器型号为东元变频器 7200MA,变频器参数界面如图 4-14 所示。

如果显示"过载",则要按下按钮"Reset"才能显示以上界面。在图 4-14 中按下"Prgm

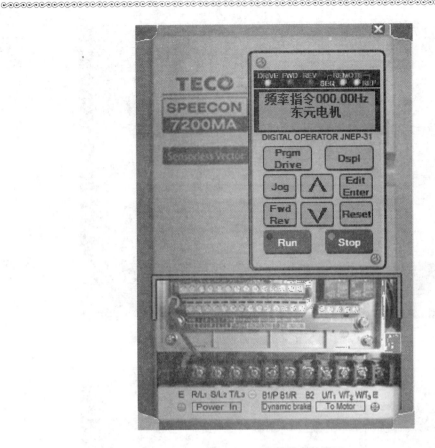

图 4-14 变频器参数界面

Drive",界面显示 [An-01- 频率指令1],按下"Dspl"切换到 [Bn-01- 加速时间1],再按下 [∧] 调到 [Bn-02- 减速时间1],按下"Edit Enter"显示 [Bn-02=0003.0s 减速时间1],按下 [∧] 当前光标下数据加1,按下 [∨] 当前光标下数据减1(顺序是加为0,1, 2,…,9 右循环,减则按此数据左循环),"Reset"在当前状态下可向左循环移动光标,按表 4-3 将 Bn02 修改完毕,按下"Edit Enter"输入确认。

同理按下"Dspl"切换到 Cn01、Cn02、Cn03、Cn04、Cn09、Sn02、Sn04、Sn05,按表 4-3 将这些参数设置完毕,每一个参数都要输入确认。

注意:Sn03 最后输入,若先输入,则所有参数都不能修改。

所有参数设置完毕,要按下"Prgm Drive",使变频器处于工作状态,变频器非工作状态下运行指示为 [Stop],工作状态下运行指示为 [●Stop]。

模块三 数控机床伺服传动系统参数的设置

伺服传动系统的元件布置如图 4-15 所示。闭合开关 QS、QF1、QF2。

一、CNC 的参数设置

① CNC 的参数"其他数据"的设置:方法同变频系统的相应参数设置。
② CNC 的参数"普通数据"的设置:方法同变频系统的相应参数设置。

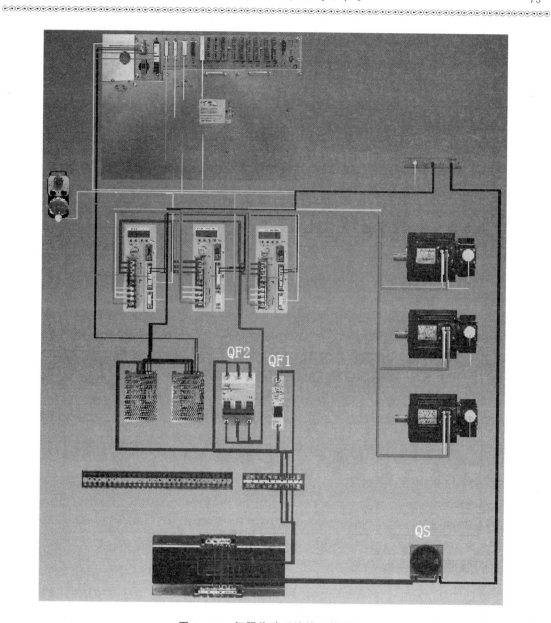

图 4-15 伺服传动系统的元件布置

③ CNC 参数"轴数据"的设置：方法同变频系统的相应参数设置，只是切换轴时分别切换到 X 轴、Y 轴、Z 轴。在各轴状态下分别按表 4-4 将参数设置完毕。

表 4-4 X 轴、Y 轴、Z 轴进给相关参数

参数号	参数值	说　　　明
MD30130[0]	1	模拟量输出
MD30200	1	设为 1 时就是有编码器，0 为无编码器
MD30240[0]	2	编码器反馈
MD31020[0]	2 500	编码器线数

续表 4-4

参数号	参数值	说　明
MD31030	8	丝杠螺距
MD32000	4 000	最大轴速度
MD32010	4 000	JOG 快速速度
MD32020	2 000	JOG 速度
MD32100	1	进给控制
MD32260	2 000	电机额定转速
MD31050	1	减速箱电机端齿数
MD31060	1	减速箱丝杠端齿数
MD36200	11 500.000000	最大监控速度
MD36300	300 000.000000	编码器极限频率
MD34000	1	坐标轴带回参考点减速开关
MD34200[0]	1	回参考点零脉冲
MD34010	0	负方向回参考点
MD34020	3 000.000000	回参考点时寻找减速开关点的速度
MD34030	10 000.000000	寻找减速开关的最大距离
MD34040	3 000.000000	回参考点时寻找零脉冲的速度
MD34050	0	反向寻找零脉冲
MD34060	700.000000	寻找零脉冲的最大距离
MD34070	300.000000	回参考点的定位速度
MD34080	-2	参考点与零脉冲的位移
MD34100	0	参考点的位置值
MD36100	-370.000000	负向第一软限位值

二、伺服驱动的参数设置

伺服驱动 TSDA30B/32B 参数、伺服驱动 TSDA32A 参数、伺服驱动 TSDA15B 参数分别如表 4-5、表 4-6、表 4-7 所列。

表 4-5　伺服驱动 TSDA30B/32B 参数

参数号	参数值	说　明
Pn01	60	速度控制比例增益
Pn02	10	设定速度控制的积分时间常数
Pn03	2 000	外部速度命令电压与转速的比例
Pn07	0	设定零速度检出判定值
Pn08	2 000	额定转速
Pn10	H0000	设定控制模式
Pn11	H0010	设定电动机正常工作

续表 4-5

参数号	参数值	说 明
Pn12	H1011	设定速度命令的加减速方式 设定零速度检出动作时是否影响速度命令的输出
Pn13	H0000	设定位置控制时的驱动器的脉冲波最大接收频率等
Pn23	30	设定位置比例增益值
Pn27	100	设定直线减速时间
Pn28	50	设定直线加减速时间
Pn41	4	电流回路平滑时间常数
Pn42	40	速度回路积分增益取消之扭力命令值
Pn43	200	电流回路积分增益

表 4-6 伺服驱动 TSDA32A 参数

参数号	参数值	说 明
Pn01	80	速度控制比例增益
Pn02	20	设定速度控制的积分时间常数
Pn03	2 000	外部速度命令电压与转速的比例
Pn07	0	设定零速度检出判定值
Pn08	1 000	额定转速
Pn10	H0000	设定控制模式
Pn11	H0010	设定电动机正常工作
Pn12	H1011	设定速度命令的加减速方式 设定零速度检出动作时是否影响速度命令的输出
Pn13	H1000	设定位置控制时的驱动器的脉冲波最大接收频率等
Pn23	30	设定位置比例增益值
Pn27	100	设定直线减速时间
Pn28	50	设定直线加减速时间
Pn41	4	电流回路平滑时间常数
Pn42	40	速度回路积分增益取消之扭力命令值
Pn43	200	电流回路积分增益

表 4-7 伺服驱动 TSDA15B 参数

参数号	参数值	说 明
Pn01	60	速度控制比例增益
Pn02	3	设定速度控制的积分时间常数
Pn03	3 000	外部速度命令电压与转速的比例
Pn07	0	设定零速度检出判定值

续表 4-7

参数号	参数值	说明
Pn08	3 000	额定转速
Pn10	H0000	设定控制模式
Pn11	H0010	设定电动机正常工作
Pn12	H1011	设定速度命令的加减速方式,设定零速度检出动作时是否影响速度命令的输出
Pn13	H0000	设定位置控制时的驱动器的脉冲波最大接收频率等
Pn23	30	设定位置比例增益值
Pn27	50	设定直线减速时间
Pn28	50	设定直线加减速时间
Pn41	4	电流回路平滑时间常数
Pn42	40	速度回路积分增益取消之扭力命令值
Pn43	200	电流回路积分增益

首先确定伺服驱动的型号,从图 4-15 伺服传动系统的元件布置可以看出,伺服驱动采用的是 TSDA32B,所以伺服系统的参数按表 4-5 设置,伺服系统界面如图 4-16 所示。

按下"MODE SET"按钮,使显示屏切换显示 ██████,按一下 ▲ 上方的黑色按键,当前光标数字加 1,显示 ██████,按下"DATA SHIFT"按钮保持 3 s 再松开,显示屏显示 ██████,按一下 ▲ 上方的黑色按键,当前光标数字加 1,按一下 ▼ 上方的黑色按键,当前光标数字减 1,按一下"DATA SHIFT"按钮左右移动光标。按表 4-5 所列的值设置 Pn01 参数,设置完成再按下"DATA SHIFT"按钮保持 3 s 再松开,离开当前界面进行输入确认。同理可将表 4-5 其他参数全部设置到伺服系统中,X 轴、Y 轴、Z 轴的参数一样,都按表 4-5 设置。最后按下"MODE SET"按钮,使伺服系统处于工作状态。

图 4-16 伺服系统界面

模块四 数控机床步进电机传动系统参数的设置

一、世纪星 HNC-21TF 配步进电机时的参数设置

数控机床 CNC 控制步进驱动器时,需对 CNC 系统参数进行相应的设置,才能够正常的控制步进驱动器,使步进电机按照给定的要求运行,并按表 4-8 对步进电机的相应参数设置,按表 4-9 配置硬件参数。

表 4-8 坐标轴参数

参数名	参数值
外部脉冲当量分子	25
外部脉冲当量分母	256
伺服驱动型号	46
伺服驱动部件号	0
最大跟踪误差	0
电机每转脉冲数	200
伺服内部参数[0]	步进电机拍数 4
伺服内部参数[3][4][5]	0
快移加减速时间常数	100
快移加速度时间常数	64
加工加减速时间常数	100
加工加速度时间常数	64

表 4-9 硬件配置参数

参数名	型号	标识	地址	配置[0]	配置[1]
部件0	5301	46(不带反馈)	0	0	0

二、M535 型步进电机驱动器参数设置

1. 步进电机驱动器细分数的设定

细分驱动器往往用来减少噪音和提高电机轴输出的平稳性,本驱动器提供 2～256 的细分。

根据表 4-10,对驱动器所采用的细分数进行设定,拨码开关 SW5、SW6、SW7、SW8 可以选择驱动器的电流大小,表中列出拨码不同的状态对应不同的细分数。

表 4-10 拨码开关细分状态表

细分数	拨码开关			
	SW5	SW6	SW7	SW8
2	1	1	1	1
4	1	0	1	1
8	1	1	0	1
16	1	0	0	1
32	1	1	1	0
64	1	0	1	0
128	1	1	0	0
256	1	0	0	0

2. 步进电机驱动器的电流选择

数控机床所使用的步进驱动器可以通过本身的拨码开关来选择电机的相电流。表 4-11 是拨码开关不同的状态对应的电机相电流的大小。

表 4-11 拨码开关对应电流表

相电流/A	拨码开关		
	SW1	SW2	SW3
1.3	1	1	1
1.6	0	1	1
1.9	1	0	1
2.2	0	0	1
2.5	1	1	0
2.9	0	1	0
3.2	1	0	0
3.5	0	0	0

根据实际需求选择电流大小，再按电流值设置拨码开关的状态。

任务五 数控机床驱动部分的故障诊断与维修

模块一 数字万用表的使用

数字万用表型号较多,这里以 DT9205A 为例进行讲解。万用表的界面如图 5-1 所示。

图 5-1 数字万用表

① "ON"是万用表的开关,按一下电源打开,屏幕有显示,再按一下电源关闭。

② "LC"是拔码开关,拔到左边"L"端检测线圈的电感,拔到右边"C"端检测电容的容量。

③ "DC AC"是拔码开关,拔到左边"DC"端检测直流电压或电流,拔到右边"AC"端检测交流电压或电流。

④ 标有"PNP"下面的 C、B、E 用于检测 PNP 型三极管的放大倍数,其中 C、B、E 分别表示

集电极、基极、发射极。

⑤ 标有"NPN"下面的 C、B、E 用于检测 NPN 型三极管的放大倍数,其中 C、B、E 分别表示集电极、基极、发射极。

⑥ "Cx‐Lx"上下的两个扁孔用于检测电容容量或线圈电感时,插电容或线圈的两个引脚。

⑦ 黑表笔始终接"COM"端,测电压、电阻、频率时红表笔接"VΩHz"端;测电流 1 mA 以内时红表笔选择"mA"端;测电流 10 A 以内时红表笔选择"10 A"端。

⑧ 圆盘型选择开关的使用:

选择开关转到 TEMP 时检测温度;

选择开关转到二极管符号时检测二极管的好坏;

选择开关转到带 Ω 的位置时检测电阻值,圆盘上不同电阻值表示不同的挡位;

选择开关转到带 V 的位置时检测电压,包括直流和交流电压,圆盘上不同电压值表示不同的挡位;

选择开关转到带 A 的位置时检测电流,包括直流和交流电流,圆盘上不同电流值表示不同的挡位;

选择开关转到带 H 的位置检测电感时,圆盘上不同电感值表示不同的挡位;

选择开关转到带 F 的位置检测电容容量时,圆盘上不同电容值表示不同的挡位;

选择开关转到"hFE"符号时检测三极管的放大倍数。

模块二　数控机床电路故障常见诊断与维修方法

数控机床故障诊断与维修方法很多,应根据实际情况选择相应方法,没有一种方法是万能的,有时候维修甚至几种方法并用。

一、系统的自诊断

故障自诊断是各控制系统中一个非常重要的功能,如计算机数控(CNC)系统、可编程控制器(PLC)、变频器等都具有此功能。当控制系统发生故障时,利用控制系统的自诊断功能,可以准确、快速地查明故障原因,甚至确定故障部位。自诊断功能一般分为启动自诊断、在线自诊断和离线自诊断,下面分别介绍。

1. 启动自诊断

当控制系统上电后,系统的自诊断软件对本系统中至关重要的硬件和控制软件,如可编程控制器(PLC)的输入、输出端口,变频器的输入、输出,计算机数控(CNC)系统的 CPU、存储器、输入/输出、监控软件等的检测,并将检测结构在显示器上以故障代码、指示灯或故障文字的形式显示出来。只有顺利通过检测,系统才能正常工作。

一般情况下,启动自诊断可以将故障定位到某个范围,如电路板或模块,少数可以定位到某个具体芯片。

2. 在线自诊断

在控制系统进入正常工作后,在线自诊断启动自身诊断程序,对系统本身、驱动组件、输入/输出等进行的自动检测,并将相关检测结果显示出来,只要控制系统供电正常,在线自诊断将会自动运行。

3. 离线诊断

早期的数控机床(如20世纪50年代的线切割机床)在出现故障时,需停机使用随机附带的专用诊断纸带对控制系统进行离线诊断。将纸带上的二进制程序代码输入控制系统的存储器中,由控制系统运行诊断程序,对各部位进行检测判断,从而确定故障部位。

二、其他故障诊断方法

虽然自诊断有一定的作用,但也不是万能的,因为自诊断有一定的局限性,包括技术方面的,如检测传感器,或者技术成本方面的;也包括人为的,如厂家对一些核心技术不愿示人,自诊断显示请与厂家联系等。所以学习其他故障诊断方法是必要的。

1. 功能程序测试法

功能程序测试法是将数控系统的基本功能全部使用标准指令编成试验程序,输入数控系统的存储器或直接读入,诊断故障时运行此测试程序。

此方法主要用于故障范围的缩小,如区分到底是设备故障还是人为操作引起,或外部干扰引起等。

2. 参数检查法

控制系统的参数是经过大量实践、调试而获取的重要数据,通常存放在随机存储器中,且由电池保持,若电池失电或电压不足、外界干扰,都有可能造成控制系统的参数丢失或出错,使设备不能正常工作。

3. 交换法

交换法是在控制系统中,将相同型号的元器件、电路板、模块,甚至程序的输入/输出等进行交换,观察故障的变化,从而缩小故障范围,确定故障元件。

交换法可以交换可编程控制器的两个输入信号,或者两个输出信号(必须是功能相同或相似的两个端口),从而观察故障的转移情况。破坏性故障不能采用交换法。

4. 隔离法

有些故障,难以区分是控制系统故障、驱动系统故障还是执行部分故障,可采用隔离法,将各组件分离,从而快速确定故障部位。如执行元件不动作,可将执行电动机的输出联轴器脱离,看电机是否转动,若不转,则是电器故障,若转则是机械部分故障。

5. 直观法

利用人的视觉、嗅觉、听觉、触觉等来寻找故障原因,这种方法直观快速。如某个接触器没有动作,直接能看到,也能听到有没有吸合的声音;如线烧了或电容膨胀变形,可直接看出来,线烧了也能闻到气味,电路明显断开或电路板断裂也较易看出。

6. 升降温法

人为地升高或降低元件温度,从而使与温度有关的故障显现出来,进而确定故障元件。

注意:升降温不可超过元件的工作温度范围,否则会损坏元器件。

7. 敲击法

控制系统由各种电路板或插接件组成,电路板上有较多焊点,任何接触不良会造成信号中断或不稳定,可用绝缘物轻敲使故障显现。

例如摩托车的扬声器控制系统,在摩托车运行中鸣笛无声,停止时鸣笛正常,我们不能将万用表绑在车上,开车过程中检测,这样会损坏万用表,所以只能在车静止状态下,接上万用表,用绝缘物轻敲接点,判断是哪个部位接触不良。

8. 电压或电流检查法

用万用表检查关键点的电压或电流值,与设备资料中给出的或同型号工作正常的设备相应点的电压或电流值进行比较,从而缩小故障范围,确定故障部位。

9. 电阻测量法

电阻测量法必须断开电源,否则会烧坏万用表。用万用表或三用表检查关键点的电阻值,与设备资料中给出的或同型号工作正常的设备相应点的电阻值进行比较,从而缩小故障范围,判断故障部位。

10. 短接法

继电器—接触器或PLC外围硬件电路等多为断路故障,如导线断路、虚焊、接触不良等。对这类故障,基本不用仪器仪表,用短接法会更方便快捷。检查时,只用一根绝缘良好的导线将所怀疑的断路部位短接。若电路接通,故障消除,则故障就在此处。

注意:短接法仅适用于短接触点,不能用于短接线圈或其他带阻值元件,否则会造成电源短路,建议本法用于小电流电路检测,若用于大电流检测,由于会产生电弧,所以须先断开电源,将短接线接通,并保证接触良好再通电,以避免电弧对人员、电路造成的伤害。

模块三 主轴变频伺服故障诊断与维修

一、主轴变频伺服电路原理图分析

从图5-2可以看出,R、S、T是三根主电源线,PE是接地线,QS为电源开关,QF1是32A的空气开关,U/F是变频器,M1是4 kW三相交流电机,主电路采用2.5 mm² 截面的电线。TC为变压器,将380 VAC转换为220 VAC;从QS电源开关出来的电一路到达变压器TC,另一路经空气开关QF和变频器U/F,再到三相交流电机。

从图5-3可以看出,变压器TC输出的220 VAC经U41、W41输出,其中W41经过6 A的熔断器再为两个开关电源供电,这两个开关电源将交流220 V转换成直流24 V,由这两个直流电源再分别为CNC系统和继电器模块供电。

思考:为什么要用两个开关电源,用一个电源同时为CNC和继电器模块供电可以吗?假定一个开关电源所提供的电流足以满足这2个用电模块。

从图5-4可以看出,继电器模块的"002"端子应接开关电源的"24 V"端,继电器模块的"001"端子应接开关电源的"COM"端;可编程控制器(PLC)的Q0.0输出端控制主轴正转,可编程控制器(PLC)的Q0.1输出端控制主轴反转,KA1~KA8是直流继电器,采用了二极管灭弧。

从图5-5可以看出,CNC的"X7.4.56"、"X7.4.14"是控制三相交流电机转速的直流信号,"X7.4.56"接变频器的"Vin"端,"X7.4.14"接变频器的"GND1"端。变频器的"1"端输入的是正转信号,接继电器模块的Q0.0的"NO"端;"2"端输入的是反转信号,接继电器模块的

任务五 数控机床驱动部分的故障诊断与维修

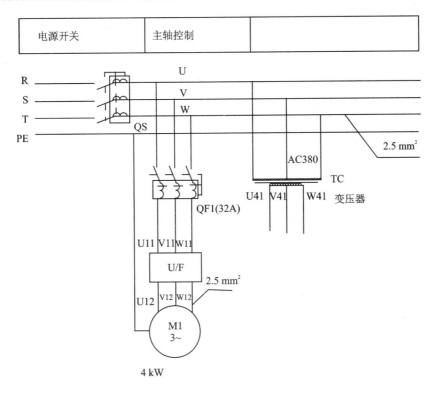

图 5-2 主轴变频伺服电路原理图 1

Q0.1 的"NO"端;"R/L1"、"S/L2"、"T/L3"接主电源,"U/T1"、"V/T2"、"W/T3"接三相交流电机。"24VG"接继电器模块的 Q0.0 的"C"端和 Q0.1 的"C"端。

二、主轴变频伺服维修实例

现象:手动开主轴,主轴不转。

电路元件布置图如图 4-1 所示。

首先,打开所有开关,即打开 QS、QF1、QF2,打开 CNC 操作面板右上角的红色急停按钮,可以看到 CNC 操作面板一片漆黑,也没有一个指示灯点亮,有可能是 CNC 系统没有电源,应先检测为 CNC 供电的 DC24 V 电源。

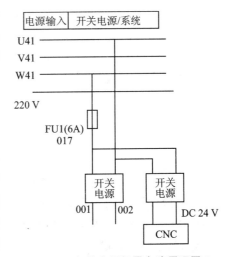

图 5-3 主轴变频伺服电路原理图 2

先将数字万用的电源开关"ON"按下,显示屏亮起,再将"DC AC"开关拔到"DC"端,挡位调到"200 V",检测显示 `00.0`,说明 CNC 没有电源,再将万用表"DC AC"开关拔到"AC"端,挡位调到"1 000 V",检查开关电源的输入 AC220 V,检测显示 `0000`,说明开关电源没有输入,根据电路图可知两个开关电源是并联的,所以检测另一个开关电源,发现另一个开关电源电压为 AC220 V 为正常,因而可以确定并联的这两根线有故障,关电源,用电阻挡检测这 2 根线,测得其中一根线断路,换上电线,本故障消失。按下"K1"键,按下 CNC 操作面板上

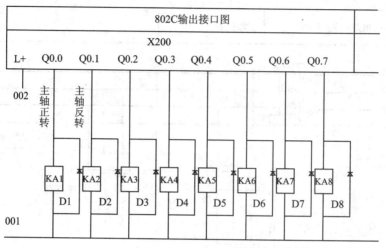

图 5-4 主轴变频伺服电路原理图 3

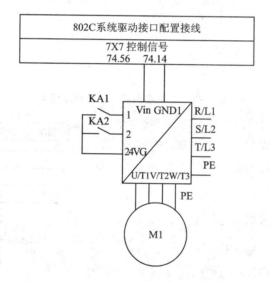

图 5-5 主轴变频伺服电路原理图 4

的"JOG"手动操作按钮,再按"SPIN START"按钮,但电机还是不转。

要分清是 CNC 系统故障还是变频器后的元件或线路的故障,因而先选择关键检测点。可选择 CNC 的直流输出电压(控制电机转速,即"X7.4.56"、"X7.4.14"),红表笔接 CNC 的"X7.4.56",黑表笔接 CNC 的"X7.4.14",如图 5-6 所示。

按下 CNC 操作面板上的"JOG"手动操作按钮,再按"SPIN START"按钮,看到万用表读数 0.00 ,由于 CNC 电源故障已解决,而输出转速信号电压为 0,说明 CNC 参数可能有问题,按前面讲过的设参数方法,查看主轴手动转速,如图 5-7 所示。

可以看出,主轴转速为 0,所以没有信号输出,应是参数故障,将主轴转数设为 500 r/min,按"M"键保存,再次按下"SPIN START"按钮,万用表显示 3.00 ,说明 CNC 输出的转速信号正常,再看一下电机,电机没有转动,说明后面还有故障,接下来查变频器以后的元件及线路。

任务五　数控机床驱动部分的故障诊断与维修

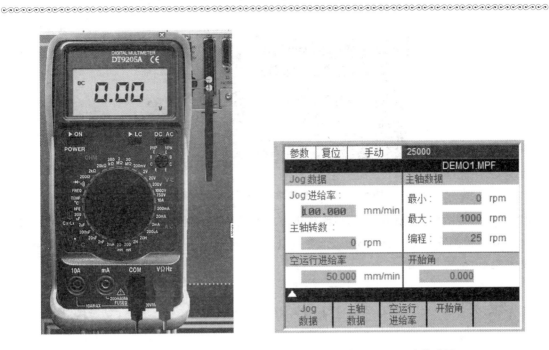

图 5-6　万用表调挡　　　　　　　　　图 5-7　手动转速图

再将万用表的红表笔接变频器的"Vin",黑表笔接万用表的"GND1",检测如图 5-8 所示。说明变频器输入转速信号正常,有可能是变频器参数、变频器硬件、线路或电机故障。

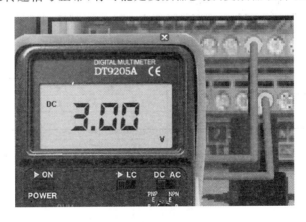

图 5-8　万用表检测变频直流输入

接下来将万用表的"DC AC"开关拨到"AC"端,将挡位调到 1 000 V,检测变频器的三相交流输入信号,检测如图 5-9 所示。

从图中可以看出电压正常,同样方法再检查这两相的任一根与第 3 根线的电压也为 AC380V,接下来看变频器显示屏显示　　　　　,即无任何显示,而变频器输入电压正常,说明变频器损坏,更换变频器,再次手动开启电机,电机不转,说明有可能是变频器的正、反转信号故障,也有可能是电机故障。接下来用交流挡检测变频器的三相交流输出,没有电,再检查提供正、反转信号的继电器模块电压,测得电压为 0 V;再检测为其提供直流电的开关电源输出电压,测得 DC24 V 正常,说明输出继电器模块的两根电源线故障,关总电源,用电阻挡快速判

图 5-9　万用表检测变频器三相交流输入

断出其中一根线故障,更换电源线,再测继电器模块的直流电源 DC24 V 正常,手动操作正转,电机仍不转,检测变频输出 AC380 V 正常,再检测电机输入三相 AC380 V 正常,说明电机故障,更换电机,故障排除。

模块四　进给伺服系统故障诊断与维修

一、进给伺服系统电路原理图分析

从图 5-10 可以看出三相交流电源经 AC380 V 变压器变换为 AC220 V,经自动空气开关 QF2 为三路伺服电机 X 轴、Y 轴、Z 轴供电。

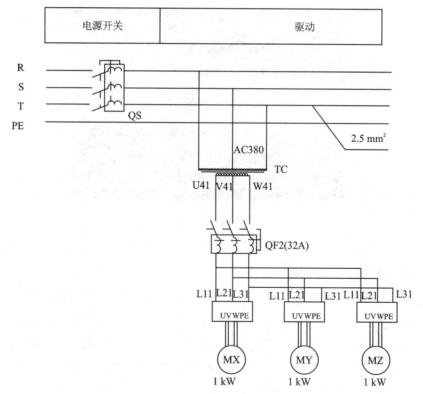

图 5-10　进给伺服 1

从图 5-11 可以看出,变压器 TC 输出的 220 VAC 经 U41、W41 输出,其中 W41 经过 6 A 的熔断器 FA1 再为两个开关电源供电,这两个开关电源将 220 VAC 转换成 24 VDC,分别为 CNC 系统和继电器模块供电。

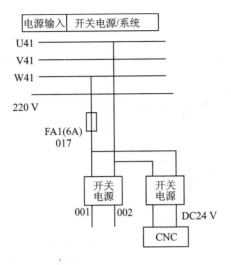

图 5-11 进给伺服 2

从图 5-12 可以看出,X 轴、Y 轴、Z 轴的输入三相 AC 220 V 由变压器 TC 提供,DC 24 V 工作电压由开关电源提供,对伺服电机的控制信号由 CNC 输出。

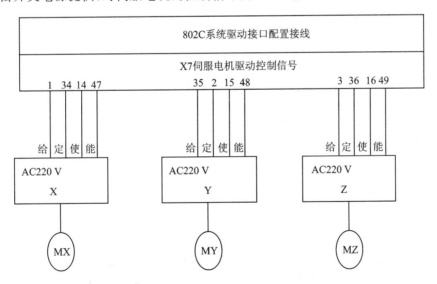

图 5-12 进给伺服 3

二、进给伺服系统维修实例

故障现象:打开所有电源开关,进给伺服系统的 CNC 黑屏。

进给伺服系统的元件布置图如图 4-15 所示。

根据伺服系统的 CNC 黑屏这一现象可直接判断 CNC 的直流供电线路有问题。将数字万用表的"DC AC"开关拨到"DC"端,挡位调到"200 V",找到 CNC 的直流供电的开关电源 DC

24 V 输出端,检测显示 ,说明开关电源没有 DC 24 V 输出,可顺着电路往前查,也可根据经验法检测怀疑的元件,也可以在前面部分线路的中间点检测,一次将故障范围缩小一半,这样较省时。选择变压器的输出,测得变压器的输出 AC 220 V 正常,由于此电源经过了端子排、空气开关,所以检测端子排的输出与空开的输出,测得结果如图 5-13 所示。

由图 5-13 可知,输出电压为 0 V,说明故障出在变压器的输出到空气开关和端子排这一部分,再检测端子排的输入(见图 5-14),说明故障可能是端子排或其输出线。

图 5-13　端子排输出检测　　　　　　图 5-14　端子排输入检测

接下来检测端子排直接输出,检测结果如图 5-15 所示,说明端子排没有电压输出,而从上图知有输入,所以可确定是端子排故障;更换端子排,再检测 CNC 的开关电源输出 DC 24 V,还是没有,说明这一部分还有故障,检测该开关电源的输入 AC220 V,测得为 0 V,再测与它并联的开关电源输入 AC 220 V 正常,说明这两个开关电源并联的线路有问题,关闭电源,用电阻挡可快速定位这两根电源线有一根断了,更换电源线。本开关电源 DC 24 V 电压输出正常,CNC 已显示正常,但手动操作,X 轴、Y 轴、Z 轴电机还是不转,说明伺服或 CNC 参数有故障。由于 3 个轴都不转,所以是 3 个轴共有的特征,如伺服系统的 AC 220 V 交流、DC 24 V 直流是 3 个轴共用的电源,所以先查伺服 X 轴的 AC 220 V,发现"R"、"S"端没有电压,而"R"、"T"的 AC 220V 正常,如图 5-16 所示(22 V 为感应电压,忽略,按没有电压处理),说明"R"、"T"两条线路正常,所以红表笔可以不动,只将黑表笔移到"S"端前面线路检测,将黑表笔移到空气开关的输出检测,检测结果如图 5-17 所示,显示没有电压,说明故障还在前边,将黑表笔移到空气开关的输入,但还是检测中间这根线,检测如图 5-18 所示。

图 5-15　端子排直接输出　　　　　　图 5-16　伺服 X 轴的"R"、"S"端检测

若检测结果还是没有电,只有将黑表笔继续前移到端子排的输出,测得如图 5-19 结果。从结果中可以看出电压正常,所以故障就是端子排到空气开关的这根电线故障,更换后再检测

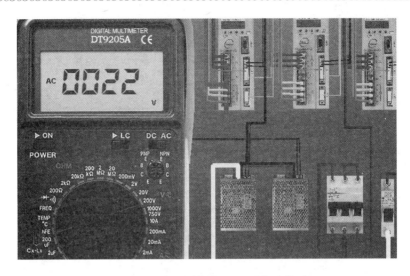

图 5-17 伺服 X 轴的"R"、"S"线路检测 1

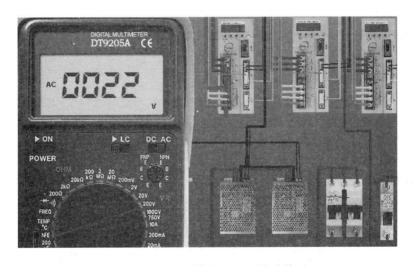

图 5-18 伺服 X 轴的"R"、"S"线路检测 2

伺服 X 轴的"R"、"S"端，还是没有电压，说明这些线路还有故障，由于布线是经 Y 轴并联过来的，所以将黑表笔接伺服 Y 轴的"S"端，测得电压正常，说明是伺服 Y 轴、伺服 X 轴的"S"端连接这根线有故障，更换此电线，伺服 X 轴三相 AC220 V 工作正常。再看 CNC 操作面板，按"K1"键，无法按下，说明 CNC 参数有问题，接下来核对 CNC 参数，发现 14510【27】为 21，应为 27，更正；14521【1】为 00001111，更正为 11111111，保存并退出，再按下"JOG"，按"+X"、"+Y""+Z"，此 3 轴只有+Y 轴不能工作，另两轴都运转正常，再看伺服 Y 轴显示黑屏，检查其伺服在相输入 AC220 V，DC24 V 都正常，说明伺服 Y 轴损坏，更换 Y 轴伺服驱动，再次启动 Y 轴，Y 轴电机还是不转，直接检测 Y 轴电机三相 AC220 V，测得电压正常，说明 Y 轴电机故障，更换 Y 轴电机，Y 轴工作正常。到此故障全部排除，系统工作正常。

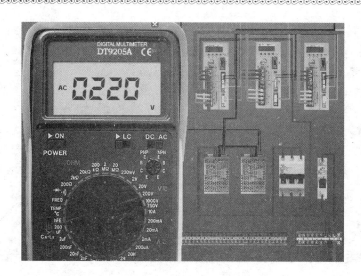

图 5-19 伺服 X 轴的"R"、"S"线路检测 3

模块五 步进伺服系统故障诊断与维修

步进伺服系统出现故障较多,比较常见的有:

电动机不运转;

电动机启动后堵转;

电动机运转速度不均匀,有抖动现象;

电动机运转不规则,正、反转摇摆;

电动机定位不准。

每种故障造成的原因又多种多样,表 5-1 所列是故障现象与故障原因的形式所常见原因分析如下:

表 5-1 步进电机控制系统的故障现象与故障原因

故障现象	故障原因
电动机不运转	① 驱动器无直流供电电压;② 驱动器保险丝熔断;③ 驱动器报警(过电压、欠电压、过电流、过热);④ 驱动器与电动机连线断开;⑤ HNC—21TF 数控系统轴参数设置不当;⑥ 驱动器使能信号被封锁;⑦ 接口信号线接触不良;⑧ 指令脉冲太窄、频率过高、脉冲电平太低
电动机启动后堵转	① 指令信号频率太高;② 负载转矩太大;③ 加速时间太短;④ 负载惯量太大;⑤ 直流电源电压降低
电动机运转不均匀,有抖动	① 指令脉冲不均匀;② 指令脉冲太窄;③ 指令脉冲电平不正确;④ 指令脉冲电平与驱动器不匹配;⑤ 脉冲信号存在噪声;⑥ 脉冲频率与机械发生共振
电动机运转不规则,正、反转摇摆	指令脉冲频率与电动机发生共振
电动机定位不准	① 加、减速时间太短;② 存在干扰噪声;③ 系统屏蔽不良

任务六　数控机床验收、采购及日常维护

模块一　数控机床的验收

数控机床的全部检测验收工作是一项工作量和技术难度都很大的工作。它需要使用高精度检测仪器对数控机床的机、电、液、气等各部分及整机进行综合性能和单项性能的检测,其中包括进行刚度和热变形等一系列试验,最后得出对该机床的综合评价。这项工作在行业内是由国家指定的机床检测中心进行,得出权威性的结论。一般适合机床样机的鉴定检测或行业产品评比检验以及关键进口设备的检验。对于一般数控机床用户,验收工作是根据机床出厂检验合格证上规定的验收技术指标和实际能提供的检测手段,部分地或全部地测定机床合格证上的技术指标。如果各项数据都符合要求,用户应该将这些数据列入该设备进厂的原始技术档案中,作为日后维修时的技术指标的依据。下面内容是数控机床验收的一些主要工作。

一、数控机床的精度检测及验收

数控机床的精度包括几何精度、定位精度和切削精度。

1. 机床几何精度及检验

机床的几何精度检验也称静态精度经验,它能综合反映出该机床的关键零部件和其组装后的几何形状误差。机床的几何精度检验必须在地基和地脚螺栓的固定混泥土完全固化后才能进行,新灌注的水泥地基要经过半年时间才能达到稳定的状态,因此机床的几何精度在机床使用半年后要复校一次。

检验机床几何精度的常用检验工具有精密水平仪、直角尺、精密方箱、平尺、平行光管、千分表或测微仪、高精度主轴心棒及一些刚性较好的千分表杆等。检验工具的精度必须比所检测的几何精度高出一个数量等级。

机床的几何精度处在冷、热不同状态时不同的。按国家标准的规定,检验之前要使机床预热,机床通电后移动各坐标轴在全行程内往返运动几次,主轴按中等的转速运转十几分钟后进行几何精度检验。

下面是一台普通立式加工中心的几何精度内容:

① 工作台面的平面度;

② 各坐标方向移动的相互垂直度;

③ X/Y 坐标方向移动时工作台面的平行度;

④ X 坐标方向上移动时工作台 T 型槽侧面的平行度;

⑤ 主轴的轴向窜动;

⑥ 主轴孔的径向跳动;

⑦ 主轴箱沿 Z 坐标方向移动时主轴轴心线的平行度;

⑧ 主轴回转轴线对工作台面的垂直度;

⑨ 主轴箱在 Z 坐标方向移动的直线度。

从上面各项几何精度的检验要求可以看出，一类是机床各大部件如床身、立柱、溜板、主轴箱等运动的直线度、平行度、垂直度的精度要求。另一类是参与切削运动的主要部件如主轴的自身回转精度、各坐标轴直线运动的精度要求。这些几何精度综合反映了该机床的机械坐标系的几何精度和进行切削运动的主轴部件在机械坐标系中的几何精度。工作台面和台面上的T型槽都是工件或工件夹具的定位基准，工作台面和 T 型槽相对机械坐标系的几何精度要求，反映了数控机床加工过程中的工件坐标系相对机械坐标系的几何关系。

2. 机床定位精度检验

数控机床的定位精度是机床各坐标轴在数控系统控制下所能达到的位置精度。根据实测的定位精度值，可以判断机床在自动加工中能达到的最好的加工精度。

一般情况下定位精度主要检验的内容有：
① 直线运动定位精度；
② 直线运动重复定位精度；
③ 直线运动轴机械原点的返回精度；
④ 直线运动失动量测定；
⑤ 回转运动定位精度；
⑥ 回转运动重复定位精度；
⑦ 回转轴原点返回精度；
⑧ 回转运动失动量测定。

检测直线运动的工具有测微仪、成组块规、标准长度刻线尺、光学读数显微镜和双频激光干涉仪等。标准长度的检测以双频激光干涉仪检测为准。回转运动检测工具一般有 36 齿精确分度的标准转台、角度多面体、高精度圆光栅等。

1) 直线运动定位精度

直线运动定位精度的检验一般是在空载条件下进行。按国家标准化组织（ISO）规定和国家标准规定，对数控机床的直线运动定位精度的检验应该以激光检测为准，没有激光检测的条件，可以用标准长度刻线尺进行比较测量，如图 6-1 所示。

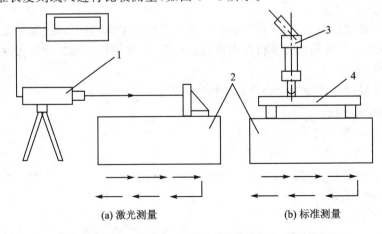

(a) 激光测量　　(b) 标准测量

1—激光测距仪；2—工作台；3—光学读数显微镜；4—标准刻度尺

图 6-1　直线运动定位精度检验

视机床规格选择每 20 mm、50 mm 或 100 mm 的间距,用数据输入法作正向和反向快速移动定位,测出实际值和指令值的偏差。为了反映多次定位中的全部误差,国际标准化组织规定每一个定位点进行 5 次数据测量,计算出均方根值和平均离差±3σ。定位精度是一条由各定位点平均值连贯起来有平均离差±3σ构成的定位点离散误差带,如图 6-2 所示。

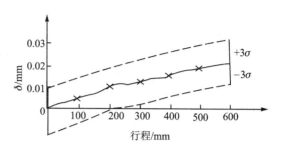

图 6-2 定位精度曲线

定位精度是以快速移动定位测量的。对一些进给传动链刚度不太好的数控机床,采用各种进给速度定位时会得到不同的定位精度曲线和不同的反向间隙。因此,质量不高的数控机床不可能加工出高精度的零件。

由于综合因素,数控机床每一个轴的正向和反向定位精度是不可能完全重复的,其定位曲线会出现如图 6-3 所示的平行形曲线、交叉形曲线和扬声器形曲线,这些曲线反映出机床的质量问题。

平行形曲线表现为正向定位曲线和反向定位曲线在垂直坐标上均匀地分开一段距离,这段距离是坐标轴的反向间隙,该间隙可以用数控系统的间隙补偿功能给予补偿。补偿值不能超过实际间隙数值,否则会出现过动量。数控系统的间隙补偿功能一般用于纠正传动链中微小的弹性变形误差,这些误差在正常情况下是很小的,在中、小型数控机床中一般不超过 0.02～0.03 mm,如果实测值远大于这个数值范围,就要考虑机械传动链和位置反馈系统中是否有松动环节。

交叉形和扬声器形曲线是被测坐标轴上各段反向间隙不均匀造成的。例如,滚珠丝杠在全行程内各段间隙过盈不一致、导轨副在全行程的负载不一致等均可能造成反向间隙不均匀。在使用较长时间的数控机床上容易出现这种现象,如果在新机床检测时出现这种问题就应该考虑是伺服系统或机床装配的质量问题。

从理论上讲,全闭环伺服坐标轴可以修正很小的定位误差,不会出现平行形、交叉形或扬声器形定位曲线,但是实际的全闭环伺服系统在修正太小的定位误差时,会产生传动链的振荡,造成失控。所以,全闭环伺服系统的修正误差也是只能在一定范围之内,因此全闭环伺服坐标轴的正、反向定位曲线会有微小的误差。

检测半闭环伺服坐标轴的定位精度曲线与环境温度的变化是有关系的,半闭环伺服系统不能补偿滚珠丝杠的热伸长,热伸长能使半闭环伺服坐标轴的定位精度在 1 m 行程上相差 0.01～0.02 mm。因此,有些数控机床采用预拉伸丝杠的方法来减小热伸长的影响,有的是对长丝杠采用丝杠中心通过恒温冷却油的方法来减小温度变化。有些数控机床在关键部位安装热敏电阻元件检测温度变化,数控系统对这些位置的温度变化给予补偿。

2) 直线运动重复定位精度

直线运动重复定位精度是反映坐标轴运动稳定性的基本指标,机床运动精度的稳定性决定着加工零件质量的稳定性和误差一致性。重复定位精度的检验所使用的检测仪器与检验定位精度所用的仪器相同。检验方法是在靠近坐标轴行程的中点及两端选择任意两个位置,每个位置用数据输入方式进行快速定位,在相同的条件下重复 7 次,测得停止位置的实际值与指

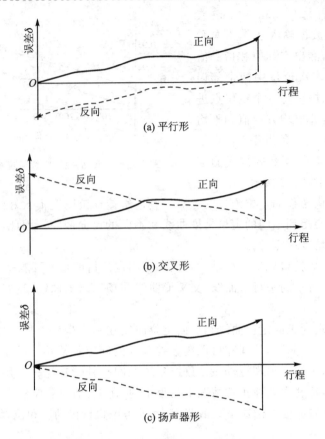

图 6-3 几种不正常的定位精度曲线

令值的差值并计算标准偏差。取最大标准偏差的二分之一,加上正负符号即为该点的重复定位精度。取每个轴的三个位置中的最大的标准偏差的二分之一,加上正负符号就是该坐标轴的重复定位精度。

3) 直线运动的原点复归精度

数控机床的每个坐标轴都需要有精确的定位起点,这个点称为坐标轴的原点或参考点。它与程序编制中使用的工件坐标系、夹具安装基准有直接关系。数控机床每次开机时原点复归精度要一致,因此要求原点的定位精度比坐标轴上任意点的重复定位精度高。进行直线运动的原点复归精度检验的目的:一个是检测坐标轴的原点复归精度,另一个是检测原点复归的稳定性。

4) 直线运动失动量

坐标轴直线运动失动量又称直线运动反向差。失动量的检验方法是在所检测的坐标轴的行程内,预先正向或反向移动一段距离后停止,并且以停止位置作为基准,再在同一方向给坐标轴一个移动指令值,使之移动一段距离,然后向反方向移动相同的距离,检测停止位置与基准位置之差,如图 6-4 所示。在靠

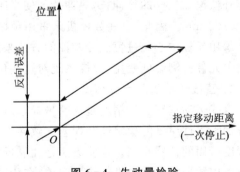

图 6-4 失动量检验

近行程的中点及两端的三个位置上分别进行多次测定,求出各个位置上的平均值。坐标轴的直线运动失动量是进给轴传动链上驱动元件的反向死区以及机械传动副的反向间隙和弹性变形等误差的综合反映。该误差越大,那么定位精度和重复定位精度就越差。如果失动量在全行程范围内均匀,可以通过数控系统的反向间隙补偿功能给以修正,但是补偿值越大,就表明影响该坐标轴定位误差的因素越多。

5) 回转轴运动精度

回转轴运动精度的检验方法与直线运动静的测定方法相同,检测仪器是标准转台、平行光管、精密圆光栅。检测时要对 0°、90°、180°和 270°重点测量,要求这些角度的精度比其他角度的精度高一个数量级。

3. 切削精度检验

数控机床的切削精度检验又称动态精度检验,是对机床几何精度和定位精度在切削加工条件下的一次综合考核,不仅反映机床的几何精度和定位精度,同时还包括了试件的材料、环境温度、刀具性能、切削条件等各种因素造成的误差和计量误差。切削精度检验分单项加工精度检验和加工一个标准的综合性试件的精度检验。对数控车床常以车削一个包含圆柱面、锥面、球面、倒角和割槽等多种形状的棒料试件作为综合车削试件精度检验的对象,数控车床的切削精度检验的检测对象有螺纹加工试件。

以镗铣为主的切削加工机床的主要单项精度有:

① 镗孔精度;
② 端铣刀铣削平面精度;
③ 镗孔的孔距精度和孔径分散度;
④ 直角的直线铣削精度;
⑤ 斜线铣削精度;
⑥ 圆弧铣削精度;
⑦ 箱体掉头镗孔同轴度(对卧式机床);
⑧ 水平转台回转 90°。

对有高效切削要求的机床,要做检测单位时间金属切削量的试验,切削材料一般用一级铸铁,使用硬质合金刀按标准切削量切削。

镗孔精度检验如图 6-5(a)所示。主要是考核机床主轴的运动精度和低速运动时的平稳性。镗孔精度与切削时的切削量、刀具材质、切削刀具的几何角度等都有一定的关系。在试件上先粗镗一次,然后按单边余量小于 0.2 mm 进行一次精镗,检验孔的表面粗糙度、圆柱度和全长上各截面的圆度。一般的加工中心的圆度为 0.01 mm/100 mm。

铣削平面精度检验如图 6-5(b)所示。该图表明了多齿端铣刀在精铣时的走刀轨迹方向。铣削平面精度主要反映 X 坐标和 Y 坐标运动的平面度及主轴中心线对 X 坐标和 Y 坐标运动平面的垂直度。一般精度的数控铣床的平面度和阶梯差在 0.01 mm 左右。

镗孔的孔距精度和孔距分散度检验如图 6-5(c)所示。以快速定位精镗 4 个孔,测量各孔位置的 X 坐标和 Y 坐标的坐标值,以实测值和指令值之差的最大值作为孔距精度的测量值。对角线方向的孔距精度检验的过程相同,经过计算求得,或在各孔插入配合精密的检验心轴后用千分尺测量对角线距离求得。孔距精度反映了机床的定位精度及失动量在工件上的影响。孔距分散度是分别测量 4 个孔的孔径差求得的。孔径分散度受到精镗刀头材质的影响,精镗刀头要保证在加工100个孔后的磨损量小于0.01 mm。一般加工中心的单轴方向的孔距精度为0.02 mm/200 mm，对角线方向孔距精度为0.03 mm/200 mm，孔距分散度为0.01 mm/200 mm。

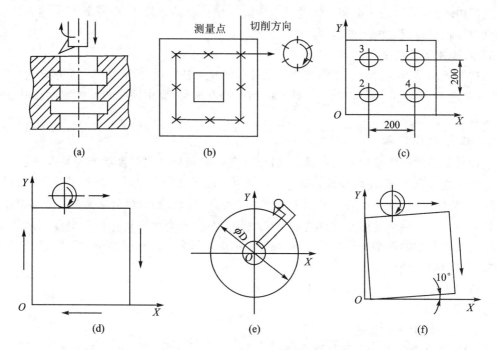

图6-5 铣削单项精度检验

直线铣削精度检验如图6-5(d)所示。X坐标轴和Y坐标轴分别进给，用立铣刀侧刃精铣工件周边，检验各边的直线度、对边平行度、相邻边直角垂直度和对边距离尺寸差。直线铣削精度主要考核机床X坐标轴和Y坐标轴导轨运动的几何精度。

斜边铣削精度检验如图6-5(e)所示。X坐标轴和Y坐标轴合成进给，用立铣刀侧刃精铣工件周边，检验内容与直线铣削精度检验内容相同。斜边铣削精度主要反映X坐标轴和Y坐标轴直线插补运动的品质。如果两坐标轴伺服的特性不一致，那么直线度、对边平行度等精度会超差。如果相邻两直边出现一边密一边稀的有规律条纹，这表明两坐标轴联动时有一坐标轴进给速度不均匀，或由于机械负载变化不均匀引起导轨低速爬行，或位置反馈元件传动不均匀等原因引起的。

圆弧铣削精度检验如图6-5(f)所示。用立铣刀侧刃精铣外圆表面，要求铣刀从外圆切向进、出刀，铣圆过程连续不中断。将铣削后的试件放在圆度仪上测出圆度曲线。圆弧铣削精度主要反映X、Y坐标轴圆弧插补运动的质量。一般的加工中心类机床铣削直径$\phi 200\sim \phi 300$ mm工件时，圆度在$0.01\sim 0.03$ mm间；表面粗糙度Ra在3.2 μm左右。

在圆试件检测中常会遇到图6-6所示的图形。如图6-6(a)两半圆错位图形所反映的情况，该情况一般是由一个坐标轴或两个坐标轴的反向失动量引起的，可通过适当改变失动量的补偿值或提高坐标轴传动链的精度来解决。图6-6(b)为斜椭圆是由于两坐标轴的进给伺服系统实际的增益不一致、圆弧插补运动中两坐标轴的跟随特性滞后有差异所造成。适当地通过调整坐标轴的速度反馈增益或位置环增益来修正。图6-6(c)为圆柱面出现锯齿形条纹的原因与斜边铣削出现条纹的原因类似,可通过调整进给轴速度控制或位置控制环节解决。

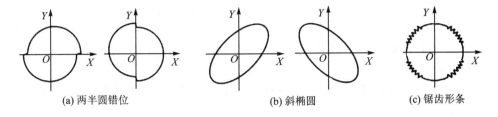

(a) 两半圆错位　　　　(b) 斜椭圆　　　　(c) 锯齿形条

图 6-6　有质量问题的铣圆图形

例 6.1　某加工中心的直线运动定位允差为±0.01/300 mm,重复定位允差为±0.000 7 mm,失动量允差 0.015 mm,需要镗孔的孔距精度要求为 0.02 mm/200 mm,但是实际加工精度超差。

不考虑各种引起加工误差的因素,仅计算失动量允差加重复定位允差为

$$0.015 \text{ mm} + 0.014 \text{ mm} = 0.029 \text{ mm}$$

这已经大于孔距允差 0.02 mm。这个例子表明机床的定位精度和重复定位精度的实际误差只有远小于允差,才能保证实际切削精度合格。

二、机床性能及数控功能检验

数控机床性能和数控功能直接反映数控机床各项性能指标,并影响数控机床运行的正确性和可靠性。

1. 机床性能

1) 主轴系统

用手动方式分别选择高、中、低三种主轴转速连续进行 5 次正转和反转的启动和停止动作,检验主轴动作的灵活性和可靠性。用数据输入方式使主轴转速从最低速逐步提高到最高速,检验各级转速值,转速允差为设定值的±10%,同时观察机床的振动情况。主轴在连续 2 h 高速运转后运行温升 15 ℃。

主轴准停装置连续操作 5 次,检验准停动作的可靠性和灵活性。

2) 进给系统

通过回原点、手动操作和手动数据输入方式操作,检验正、反向的低、中、高速时的进给运动的启动、停止、点动等动作的平稳性和可靠性,并检查回原点的准确性和可靠性,软、硬限位是否确实可靠。

3) 自动换刀系统

在刀库装满刀柄的满负载条件下,通过手动操作和自动运行,检验刀具自动交换的可靠性、灵活性和平稳性,机械手抓取最大允许重量刀柄的可靠性,刀号选择的正确性。测定自动交换刀具的时间。

4) 数控装置

检查数控装置的各种指示灯、操作面板等功能和动作的正确性和可靠性、数控装置的密封性、数控装置与伺服驱动单元的连接电缆的可靠性。

5) 电气装置

在数控机床试运转前后分别做一次绝缘检查,测定数控装置和电气柜接地质量、绝缘的可

靠性。检查数控装置和电气柜内的通风散热条件和清洁状况。

6）气、液装置

检查机床压缩空气源、气路有无泄漏以及工作的可靠性。如气压太低时有无报警显示，气压表和油水分离装置是否完好等，以检查液压系统油路密封的可靠性。

7）润滑装置

检查定时定量润滑装置的可靠性，检查润滑油路有无渗漏，到各润滑点的油量是否均匀，油路各接头有无渗漏等。

8）附属装置

检查机床各附属装置的工作可靠性。如冷却装置能否正常工作，排屑器的工作质量，冷却防护罩有无泄漏，APC交换工作台工作是否正常，试验带重负载的工作台面自动交换是否可靠，配置接触式测头的测量装置能否正常工作及有无相应测量程序等。

9）安全装置

检查对操作者的安全性和机床保护功能的可靠性。如各种安全防护罩，机床运动坐标行程极限保护自动停止功能，各种电流电压过载保护和主轴电机过热过负荷时紧急停止功能等。

10）机床噪声

检验数控机床试运转噪声不得超过 80 dB。数控机床主轴一般采用了电调速装置，主轴已不是机床的主要噪声源。主轴电动机的风扇噪声、液压系统的油泵噪声等可能成为机床的主要噪声。

2. 数控功能

1）准备指令功能

检验坐标系选择、平面选择、暂停、刀具长度补偿、刀具半径补偿、螺距误差补偿、反向间隙补偿、镜像功能、极坐标功能、自动加减速、固守循环及用户宏程序等指令的准确性。

2）辅助功能

检验程序停止、主轴启动和停止、换刀、程序结束指令和准确性。

3）操作功能

检验回原点、单程序段、程序段跳读、主轴和进给倍率调整、进给保持、紧急停止、主轴和冷却液的启动和停止等功能的准确性。

4）监视器显示功能

检验坐标显示、菜单显示、程序显示和编辑等功能的正确性。

5）通信功能

检验数据发送、接收的正确性，DNC 的可靠性。

3. 连续空运行

让数控机床在较长的一段时间内带负载运行功能较为完整的考机程序，是综合检验数控机床各种自动运行功能的可靠性的最好方法。数控机床出厂之前，一般要经过 96 h 的自动连续运行，考虑到机床运输和重新安装的影响，用户在验收时要进行 8～16 h 的自动连续运行。如果机床 8 h 连续运行无故障，则表明机床的可靠性达到一定要求。

4. 机床外观质量

数控机床外观质量检验可参照通用机床的有关标准。如各种防护罩、油漆质量、机床照明、电气走线、油管走线、切削处理、附件等。

模块二 数控机床的采购及日常维护

一、数控机床选购的一般原则

① 实用性:指明确数控机床来解决生产中的哪一个或哪几个问题。

② 经济性:指所选用的数控机床在满足加工要求的条件下,所支付的代价是最经济的或者是较为合理的。

③ 可操作性:指用户选用的数控机床要与本企业的操作和维修水平相适应。

④ 稳定可靠性:指机床本身的质量,选择名牌产品能保证数控机床工作时稳定可靠。

二、数控机床选购时需考虑的因素

1. 确定要加工的零件

用成组技术(GT)是较科学的方法,其基础是相似性。将结构、几何形状、尺寸、材料、毛坯形状、加工表面加工精度等近似的零件,用分类编码的方法划分零件族,制定成组工艺,使之有可能简化编程,减少机床调整时间,减少工装、刀具、量具数量等,从而取得更大效益。我国原机械工业部组织制定的 JLBM-1 分类编码系统,如图 6-7 所示。

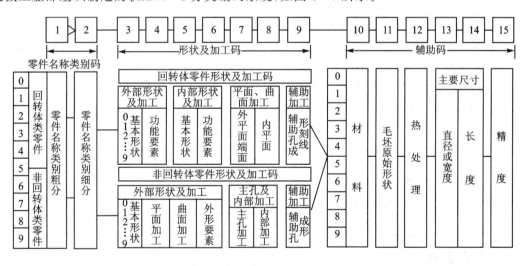

图 6-7 JLBM-1 分类编码系统

2. 选择数控机床的种类

数控机床的类型、规格繁多,不同类型的数控机床都有其不同的使用范围和使用要求,每一种数控机床都有其最佳典型零件的加工。如加工轴类零件,选用数控车床;加工板类,即箱盖、壳体和平面凸轮等零件,则应选用立式加工中心或数控铣床;加工复杂箱体类,即箱体、泵体、壳体等零件,则应选用卧式加工中心。另外,当工件只需要钻削或只需要铣削时,就不要购买加工中心;能用数控车床加工的零件就不要用车削中心;能用三轴联动的机床加工零件就不要选用四轴或五轴联动的机床。

3. 选择数控系统

数控技术经过半个多世纪的发展,数控系统的种类、规格繁多。为了与机床相匹配,在选择数控系统时应注意以下几方面。

1) 根据数控机床类型选择相应的数控系统

数控系统适用于车、铣、镗、磨、冲压、造型等加工类别,所以应有针对性地进行选择。

2) 根据数控机床的设计指标选择数控系统

往往是具备基本功能的系统较便宜,而选择功能较强却较昂贵。

3) 选择数控系统时要考虑周全

订购时应把所需的系统功能一次订齐,不能遗漏,对于那些价格增加不多,但对使用会带来方便的功能,应当配置齐全。另外,选用数控系统及机床的种类不宜过多、过杂,否则会给使用、维修带来极大困难。

4. 选择数控机床的规格

数控机床规格的选择,应结合确定的典型零件尺寸,选用相应的规格以满足加工典型零件的需要。数控机床的主要规格包括工作台面的尺寸、坐标轴数及行程范围、主轴电动机功率和切削扭矩等。在选择数控机床的规格时要注意机床的型号。

5. 选择数控机床的精度

要选择数控机床的精度等级,应根据典型零件关键部位加工精度的要求来决定。影响机械加工精度的因素很多,如机床的制造精度、插补精度、伺服系统的随动精度以及切削温度、切削力、各种磨损等。而用户在选用机床时,主要应考虑综合加工精度是否能满足加工的要求。

目前,世界各国都制定了数控机床的精度标准。机床生产厂商在数控机床出厂前大都按照相应标准进行了严格的控制和检验。实际上机床制造精度都是很高的。实际精度均有相当的储备量,即实际允差值比标准的允差值压缩20%左右。在各项精度标准中,最主要的是定位精度、重复定位精度,对于加工中心和数控铣床,还有一项铣圆精度,如表6-1所列。

表 6-1 精度检测标准

精度项目	普通型	精密型
单轴定位精度/mm	±0.01/300 或全程	±0.005/全程
重复定位精度/mm	±0.006	±0.003
铣圆精度/mm	0.03~0.04	0.015

6. 刀具系统

1) 刀柄系统

① 加工中心常用刀柄分类如表6-2所列。

模块式工具系统初始投资大,机床台数较多或零件品种较多时,可能合算。非模块式工具系统单件刀具价格低,若所购品种不多并且可多台机床共用、多种零件共用,可能合算,做决定时必须仔细分析与计算。另外,采用刀柄标准要统一,可节约开支,便于管理。考察刀具生产厂的质量、信誉和经营管理情况也很重要。加工中心上还有一些特殊刀柄,如表6-3所列。

表 6-2 刀柄分类

种类	标准	结构特点					备注
		型号		拉钉	机械手夹持部位	传递扭矩的键槽	
7:24 锥柄	ISO7388 JB3381 GB3837 DIN698 71DIN2 080BT（日本） VDI(德) 等等	标准型号	40 45 50	钢球拉力 施力锥面45°	各国各厂不尽相同	在机械手夹持部位 20,25 有的无此键槽	型号为锥柄大端直径舍入值
		扩展型号	20 25 30 35 60	夹爪拉力			
HSK(中空锥度刀柄)	DIN69893		40 45 50 60	不用拉钉	有,按 DIN69893 制造	在锥度小端	

注：刀柄和拉钉必须与机床主轴拉刀机构和换刀机械手适配。

表 6-3 特殊刀柄

名 称	用 途
增速头刀柄	可将小孔加工用刀具的转速提升 3～7 倍
多轴动力头刀柄	可用以同时加工多个小孔
万能铣头刀柄	可改变刀具轴线和主轴轴线间的夹角
内冷却刀柄	切削液经由刀具内的通孔直达切削点,冲屑冷却
高速磨头刀柄	可进行磨削加工
接触式测头"刀柄"（三维接触式传感器）	和刀具一样置入刀库,换入主轴后使用各种测量循环程序进行:工件找正,工件零点测定,工件几何尺寸测量,工件几何位置测量,数字化仪、测实物生成加工程序(测头"刀柄"上有电池供电的信号发送器,机床适当部位安装信号接收器)

② 数控车床用刀柄的特点比较如表 6-4 所列。

③ 用于车削中心的动力刀具刀柄,刀柄尾部有驱动齿轮,驱动刀具轴旋转。刀具轴上可装各种刀具,特点如表 6-5 所列。

表 6-4 数控车床用刀柄的特点比较

项 目	刀块式	圆柱齿条式
定位方式	凸键和轴向键	圆柱,刀柄端面,齿条齿形面
手动更换	不方便,费时	快 捷
刚 度	好	稍差
和外部刀库自动交换,刀具的可能性	尚不能自动松、夹	可自动松、夹

注：有将整个刀库盘进行交换的机床。

表6-5 动力刀具刀柄特点

种类	用途	刀具
刀具轴线平行于Z轴	用于主轴锁定后在工件端面上进行各种加工	钻头、丝锥、立铣刀等
	利用主轴C轴功能铣螺纹	螺纹铣刀
	主轴和自驱刀具轴有固定速比,用"刀"加工六角面	圆周上均布的"飞刀"
	利用主轴C轴功能和X轴插补,在工件端面上铣直槽,非同心圆槽	立铣刀
刀具轴线垂直于Z轴	主轴分度后锁定,在工件外圆上钻孔、攻螺纹,铣平面,铣槽	钻头、丝锥、立铣刀、键槽铣刀
	利用主轴C功能和Z轴进行插补,在工件圆上铣螺线槽等	立铣刀
刀具轴线与Z轴夹角可调	铣斜面,在斜面上钻孔、攻螺纹孔,铣槽	立铣刀,钻头,丝锥,键槽铣刀
电主轴磨头	内外磨削	内外圆砂轮
接触式测头	用于工件主动测量	

2) 刀库类型和刀库容量的选择

① 车床多用刀库盘,盘上有8~12个刀座位,车削中心可有2~3个刀库盘。

② 加工中心的刀库类型繁多,刀库容量为8~120把,见表6-6。加工中心上的新型刀库见表6-7。

表6-6 常用刀库类型及刀库容量

类型	容量/把	说明
直线刀库	8~12	主轴可在X、Y、Z三个坐标上移动,主轴接近刀库,完成取刀放刀不用机械手换刀,可靠 换刀时间较长,卧式机床占用加工空间
圆盘刀库	12~30	多用于立式机床,不用机械手,换刀时主轴Z向升至换刀位 刀库移至主轴下,主轴Z向运动放刀、取刀,刀库再移开 换刀时间为8~15 s
链式刀库	40~120	多用于卧式机床 用机械手换刀 选刀和加工时间重合,机械手双动同时取刀、放刀 换刀时间5~10 s,最快0.5~1 s

表6-7 新型刀库

类型	容量	说明
弹夹式刀库	可变	机械手换刀,刀库可整体交换,缩短配刀时间,便于进入FMS
格子箱式刀库	可变	
大容量刀库	200	机械手换刀,200把50号锥柄刀具分布在巨大的半球上

③ 在选择刀库容量时,需要对整个零件组的加工内容进行分析,统计需要用的刀具数,刀具过多则用机械手换刀出故障的机率大,工序适当分散和采用复合刀具可减少刀具数,用复合刀具还可提高加工效率,值得考虑。表 6-8 给出的刀库容量可作参考,刀库容量 30 把可覆盖 85% 的工件。

表 6-8 刀库容量与工件数量的关系

工件种数所占的百分比(%)	18	50	17	10	5
所需刀具数/把	<10	<20	<30	<40	<50

7. 选择功能及附件的选择

选购数控机床时,除了认真考虑它应具备的基本功能及基本件外,还可选择随机程序编制、运动图形显示、人机对话程序编制等功能和自动测量装置、接触式测头、红外线测头、刀具磨损和破损检测等附件。

8. 选择机床制造厂

目前,各品牌机床制造商已普遍重视产品的售前、售后服务,协助用户对典型工件作工艺分析和加工、可行性工艺试验及承担成套技术服务,包括工艺装备设计、程序编制、安装调试、试切工件、直至全面投入生产等一条龙服务。

9. 经济性分析

1) 投资计算

投资计算由会计人员进行,计算方法较多,常用的有:

① 利润率 投资获益与占用资金之比,即

$$一定时期的利润率 = \frac{利润率}{某段时期} = \frac{\frac{利润}{某段时期}}{所占用资本} \times 100\%$$

$$平均利用率 = \frac{平均利润}{0.5 \times 投资额} \times 100\%$$

② 回收期投资额 I

$$I = \sum_{t=1}^{m}(A_t + G_t)$$

式中:I 为投资额;t 为处数;A_t 为 t 年折旧费;G_t 为 t 年的收益;m 为回收期(年)。回收期计算方法有多种,这里可以采用平均计算法,即

$$回收期 = \frac{投资额}{每年平均回收额}(年)$$

2) 无法量化的费用

数控机床具有更大的柔性,适应"适时制造"或"订单制造"。力争更少的废品损失,更少的检查费用,更短的生产周期,需要的操作工数减少(例如实行多机床管理),要支付较大的人员培训费用,维护费用较高。

3) 投资心理

用数控机床建立声誉。乐于试用先进设备。

10. 机床的噪声和造型

对于机床噪声,各国都有明确的标准。对杂音控制也提出了要求,即机床运转时,除噪声等级不允许超标外,还不应该有不悦耳杂音产生。不悦耳杂音一般指虽不超出噪声标准规定的等级,但是却可以听到的怪异音响。

机床造型也可以统称为机床的观感质量,机床造型技术是人机工程学在机床行业的实际应用。机床造型对工业安全、人体卫生和生产效率产生着潜在的,但又非常重要的影响。

三、数控机床的日常维护常识

数控机床的维修包括了日常保养和维护。数控机床的日常保养和维护可以减少机械传动部件的磨损、延长电子元器件的使用寿命,从而可以增加数控机床的可靠性和稳定性。数控机床的维护保养有明确的规定,对此应该严格遵守。

1. 数控机床的日常维护

1) 每班维护与保养

班前要对设备进行点检,查看有无异状,检查油箱及润滑装置的油质、油量,并按润滑图表规定加油,安全装置及电源等是否良好。确认无误后,先空车运转待润滑情况及各部正常后方可工作。下班前用约 15 min 时间清扫擦拭设备,切断电源,在设备滑动导轨部位涂油,清理工作场地,保持设备整洁。

2) 周末维护与保养

在每周末和节假日前,用 1~2 h 较彻底地清洗设备,清除油污,达到维护的"四项要求",并由机械员(师)组织维修组检查、评分考核,公布评分结果。

2. 数控机床的定期维护

数控机床的定期维护是在维修工辅导配合下,由操作工进行的定期维修作业,按设备管理部门的计划执行。设备定期维护后要由机械员(师)组织维修组逐台验收,设备管理部门抽查,作为对车间执行计划的考核。数控机床定期维护的主要内容有如下几方面。

1) 每月维护

① 真空清扫控制柜内部;
② 检查、清洗或更换通风系统的空气滤清器;
③ 检查全部按钮和指示灯是否正常;
④ 检查全部电磁铁和限位开关是否正常;
⑤ 检查并紧固全部电缆接头,并查看有无腐蚀、破损;
⑥ 全面查看安全防护设施是否完整牢固。

2) 每两月维护

① 检查并紧固液压管路接头;
② 查看电源电压是否正常,有无缺相和接地不良;
③ 检查全部电机,并按要求更换电刷;
④ 液压电动机是否渗漏并按要求更换油封;
⑤ 开动液压系统,打开放气阀,排出油缸和管路中的空气;
⑥ 检查联轴节、带轮和带是否松动和磨损;

⑦ 清洗或更换滑块和导轨的防护毡垫。

3）每季维护

① 清洗冷却液箱，更换冷却液；
② 清洗或更换液压系统的滤油器及伺服控制系统的滤油器；
③ 清洗主轴齿轮箱，重新注入新润滑油；
④ 检查联锁装置，定时器和开关是否正常运行；
⑤ 检查继电器接触压力是否合适，并根据需要清洗和调整触点；
⑥ 检查齿轮箱和传动部件的工作间隙是否合适。

4）每半年维护

① 抽取液压油液化验，根据化验结果，对液压油箱进行清洗换油，疏通油路，清洗或更换滤油器；
② 检查机床工作台水平，全部锁紧螺钉及调整垫铁是否锁紧，并按要求调整水平；
③ 检查镶条、滑块的调整机构，调整间隙；
④ 检查并调整全部传动丝杠负荷，清洗滚动丝杠并涂新油；
⑤ 拆卸、清扫电机，加注润滑油脂，检查电机轴承，酌情更换；
⑥ 检查、清洗并重新装好机械式联轴节；
⑦ 检查、清洗和调整平衡系统，视情况更换钢缆或链条；
⑧ 清扫电气柜、数控柜及电路板，更换维持 RAM 内容的失效电池。

要经常维护机床各导轨及滑动面的清洁，防止拉伤和研伤，经常检查换刀机械手及刀库的运行情况，定位情况。

参考文献

[1] 夏庆观. 数控机床故障诊断与维修[M]. 北京:高等教育出版社,2002.
[2] 余仲裕. 数控机床维修[M]. 北京:机械工业出版社,2011.
[3] 沈军达. 数控机床故障诊断与维修[M]. 北京:机械工业出版社 2010.
[4] 王仁祥. 常用低压电器原理及其控制技术[M]. 北京:机械工业出版社,2001.
[5] 李益民,张龙. 机电设备控制技术[M]. 成都:西南交通大学出版社,2007.
[6] 许翏,王淑英. 电器控制与PLC控制技术[M]. 北京:机械工业出版社,2005.
[7] 冯清秀,邓星钟. 机电传动控制[M]. 5版. 武汉:华中科技大学出版社,2011.
[8] 李建兴. 可编程序控制器应用技术[M]. 北京:机械工业出版社,2004.
[9] 郭士义. 数控机床故障诊断与维修[M]. 北京:机械工业出版社,2005.
[10] 中国机械工业教育协会. 数控机床及其使用维修[M]. 北京:机械工业出版社,2001.
[11] 王凤蕴,张超英. 数控原理与典型数控系统[M]. 北京:高等教育出版社,2002.